JN101015

「P2Cブランド」の教科書

これからのアパレル業界を生き抜く、
たった1つの方法

ブランドクリエイティブ・ディレクター
本間英俊

きずな出版

今の時代、メーカーがいい商品をつくっても認知がなければ売れません。インフルエンサーは企業案件を紹介したら、ステルスマーケティングを疑われ、ファンが減ってしまう。「それならオリジナル商品だ！」と息巻いてつくったとしても、売れずに在庫が残ってしまう。

こうなるのは、メーカーも、インフルエンサーも大事なポイントが抜けているからです。

その大事なポイントこそが「**P2C」ブランディング**という手法です。

両者の悩みを一気に解決し、自分も一緒に売上をあげてハッピーになれるビジネス。それが「P2C」ビジネスです。

この本ではP2Cビジネスについて、あなたがどうやって売上をあげていくかをステップ・バイ・ステップでお伝えします。

「P2C」とは、Person to Consumerの略で、強い影響力をもつ個人がお客様に対して商品やサービスを直接販売するビジネスモデルのこと。

詳しくはあとで説明しますが、P2Cブランドをひと言で表現すると、「**個人を起点としてネット上で売るファッションブランド**」です。実際、人気のあるインフルエンサーが、自分のブランドを立ち上げて、ファンに向けて販売するようなケースが増えています。

P2Cの一体、何が新しいのか？

なぜ今、参入するのにふさわしいのか？

以前はEC（Eコマース）サイトをつくるにも外注する必要が

あって、何百万円も、何週間もかけてつくる必要がありました。それがいまや、無料または数万円もあれば、誰でもかんたんに立派なECサイトをつくれるようになりました。しかも一晩で。

　また、メーカーもITの発展によって、ものづくりが以前よりもラクにできるようになり、中間コストも削減しやすくなりました。

　かつては自分の商品の認知を増やしたければ、TVや雑誌、新聞の広告などを打つために、代理店へ何百万、何千万円もの広告費を払う必要がありました。しかし、今はSNSのDM（ダイレクトメール）からインフルエンサーにアプローチでき、事務所やエージェントを通さずともダイレクトにやり取りできる時代になりました。

　さらに、P2Cビジネスの最大のポイントは、**売れてから商品をつくることができてしまう**ことです。

　「えっ！　そんなうまい話があるのかな？」と思うかもしれませんが、私が**2日間で1623万円を販売した方法**がまさにそれです。

　ここで、少し昔話をさせてください。

　私は20数年にわたりアパレル業界でビジネスをしてきました。その間、数々の成功体験がありましたが、同じくらい失敗も経験してきました。多額の借金を背負ったこともあります。

　20代のとき、私は自分でファッションブランドを立ち上げて、セレクトショップに卸すビジネスをしていました。その後、「裏原ブーム」に乗って念願のリアル店舗を裏原宿に出店。さらには池袋や代官山にも店舗を拡大していきました。

　しかし、マーケティングの知識がなかった私は、すぐに経営に行き詰まります。商品はまったく売れず、借金だけが膨らんでいきました。12人いたスタッフは、1人を残してみんな去っていきました。結局、店舗はすべてたたみ、残ったのは1億円の借金と山のような在庫のみ。

　当時30歳。子どもが生まれたばかりだった私は絶望しました。

死ぬことばかり考える日々……。ストレスで円形脱毛症にもなりました（私は今、常にキャップをかぶるのがトレードマークになっていますが、もともとはハゲを隠すためでした）。

　そんな絶体絶命のピンチを救ってくれたのは、自分のブランドの商品でした。ブランドの中で唯一売れていたスニーカーの在庫をECで販売することにしたのです。早速、手づくりのECサイトを立ち上げてブログで告知すると、意外なことに多くの反応が返ってきました。

　手ごたえをつかんだ私は、コピーライティングのスキルを磨き、スニーカーの販売をメールマガジンで案内しました。いわゆる「プロダクトローンチ」の手法を駆使したのです。

　すると、**30分で300万円を超える売上を記録**しました。裏原宿の店舗の月間売上のマックスが200万円程度でしたから、自分でも驚くような結果でした。

　リアル店舗もなく、スタッフも雇っていないのに……期せずしてECの可能性を実感することになりました。その後もECを中心にブランドの商品を販売していった結果、1億円あった借金は5年で返済できました。

　当時は、とにかく生きることに必死でした。ある書籍に、人がいちばん成長するのは、「子どもを育てるとき」「多額の借金返済をするとき」「死ぬような思いをしたとき」と書いてあるのを読んだことがありますが、同時にすべての条件がそろったのですから、当然の帰結かもしれません。

　追い詰められて、火事場の馬鹿力が働いたともいえますが、このときの経験は、その後のビジネスをするうえで大事な教訓となっています。

　「これまでのやり方で売れないなら、違う売り方を考えればいい」

　P2Cブランドという新しいビジネスモデルにすんなりと入っていけたのも、この教訓があったからです。

　現在、私は自分の会社で複数のブランドを立ち上げて運営し

ています。2022年にはSNS総フォロワー 270万人以上の実業家ROLAND（ローランド）さんとP2Cファッションブランドの会社を設立したほか、モータージャーナリスト界で日本一のフォロワー数をもつ 五味康隆さん、ファッションデザイナーの橋本淳さんと協業し、「88HachiHachi」も設立しました。

　このようなご縁があったのも、すべてP2Cブランドのビジネスモデルが基盤になって拡大しているからにほかなりません。

　そのほか、自社の取り組み以外にも同時に商品企画や販売企画、コンサルティングといった形で、ブランドやメーカー、ショップなどとジョイント（協業）しています。

　「クリエイターを支えるクリエイターである」を経営理念とし、さまざまなクリエイターとともに服や靴、カバンなどのファッションアイテムを世に送り出してきました。

　ジョイントする相手は、服をつくるメーカーやブランドのときもあれば、SNS上で人気のあるインフルエンサーのときもあります。近年ではメーカーとデザイナー、インフルエンサーの間に入って、ブランドのプロデュースをするケースも増えています。

　これらのビジネスに共通するのは、インフルエンサーのような影響力をもつ人をベースにブランドを認知拡大し、販売する、いわゆるP2Cであることです。

　本書では、今のSNS時代に対応したP2Cブランドの概念や考え方から、実際にインフルエンサーを中心にブランドを育てていく方法まで、私の実体験をまじえながら解説していきます。

　また、P2Cブランドの要となるインフルエンサーに求められる資質、インフルエンサーとの付き合い方についても触れていきます。

　世界全体がサステイナブル（持続可能）な社会へと舵を切り始めた今、ファッションブランドもその流れと無関係ではいられません。大量生産・大量消費の下、多くの在庫を処分せざるを得ないような既存のアパレルのビジネスモデルは見直しを迫られてい

ます。

　お客様のライフスタイルや行動様式も大きく変わっています。**今までと同じやり方をしているブランドは生き残ることはできません**。

　これからブランドを立ち上げたい、あるいは既存のブランドを大きく売り伸ばしたいという人は、P2Cというビジネスモデルがきっと参考になると自負しています。

　また、メーカーやデザイナー、PRなどアパレル業界に携わる人には、ぜひP2Cブランドの可能性を知ってもらいたいと思います。

　さらに、インフルエンサーとして活躍する人、これからインフルエンサーを目指す人にも参考になるはずです。もっといえば、アパレル業界にとどまらず、SNSを活用したビジネスをしている人にも売上拡大のヒントになれば幸いです。

　ぜひ一緒に、P2Cブランドを盛り上げていきましょう。

本間　英俊

はじめに ———————————————————————— 3

第1章　Personal to Consumer

「P2Cブランド」でなければ生き残れない！

2日間で1623万円を売り上げた方法 ———————————— 12

P2Cブランドは"人ありき"のビジネスモデル ——————— 17

売れているブランドは「TTS」が常識 ————————————— 21

2つの「トラスト」をつなぐ「ストーリー」 ———————————— 25

メーカーとインフルエンサーをつなぐ
「P2Cブランドプロデューサー」 ——————————————— 30

「P2Cブランドプロデューサー」の3つの仕事 ————————— 33

第2章　BIPS

ブランドづくりは「製作委員会方式」から学べ

ブランド成功の秘訣はコラボレーションにあり ——————— 40

誰もがブランドのつくり手となれる「BIPS」 ————————— 43

チームの接着剤となる「ストーリー」 ———————————— 47

好循環を生み出す「チームメンバー」の見極め方 —————— 51

インフルエンサーは広告の「道具」ではない ———————— 57

インフルエンサーとハッピーな関係をつくる5つのポイント —— 60

「ぶつかり合い」が最強のチームをつくる ———————————— 68

第3章 Story

コンセプトは「ストーリー」で語れ

商品デザインよりも「世界観」 ———————— 74

一撃必殺！「コンセプトの魔力」 ———————— 77

飛躍的に売れるコンセプトメイキングの方法 ———————— 81

コンセプトメイクは「現状把握」から始めよう ———————— 87

P2Cブランドでなければ生き残れない3つの理由 ———————— 93

第4章 Influencer

ブランドの影響力を左右するキーマン

インフルエンサーはブランドの語り部 ———————— 106

インフルエンサーが熱狂的な「ファン」をつくる ———————— 112

お客様はスマホの中に住んでいる ———————— 116

あなたのお客様はどこにいる？ ———————— 121

進化する購入スピードに対応する ———————— 128

「ライブコマース」を使いこなす時代がやってきた！ ———————— 133

ブランドは「ファンの熱狂」で売る ———————— 137

「熱狂」を生み出すCRAZYの法則 ———————— 145

第5章 Product

プロダクトなくしてブランドはつくれない

いい製品には「売れる理由」がある ———————— 156

失敗するプロダクトの典型例【インフルエンサー編】 ———————— 158

失敗するプロダクトの典型例【プロダクト編】 ———— 165

失敗するプロダクトの典型例【システム編】 ———— 169

失敗しないメーカー外注5つのポイント ———————— 174

第**6**章　　Brand Producer

売れ続けるための「デイリーマーケティング」

売れ続けるECは「ブランドプロデューサー」で決まる！ ———— 182

2％の頑張りで売上を1年で2倍にする ———————— 185

お客様をつかんで離さない「クロスSNS戦略」 ———— 190

第**7**章　　Trend

アパレル業界の未来を予測する

「透明性の高さ」が支持されるアメリカのブランド ———————— 194

アメリカのD2Cブランドが大きくなる理由 ———————— 197

「サステイナブルブランド」は世界のトレンド ———————— 203

「サステイナブルブランド」が日本でブレイクしない理由 ———— 206

「P2C×サステイナブル」の可能性 ———————————— 208

爆進し続ける中国発ファストファッション ———————— 213

環境問題へのアンサー———P2Cブランド「MINIMUS」 ———— 216

おわりに ————————————————————————— 219

カバーデザイン・本文デザイン／池上幸一
本文DTP／石澤義裕
編集協力／髙橋一喜

Personal to Consumer

「P2Cブランド」で
なければ
生き残れない！

2日間で1623万円を売り上げた方法

無名のブランドが飛ぶように売れる

「いち、じゅう、ひゃく、せん、まん……、本間さん！　1600万円を超えてます！」

その日、私たちはパソコンの画面に釘付けになり、リロードボタンを押しては増える売上の数字を目の当たりにしていました。**誰も見たことも聞いたことも、試着すらできないファッションブランドが、目の前で飛ぶように売れていく**。これまで20年にわたって経験してきた私自身の常識や思い込みが、たった一晩で崩れ去り、バチンとパラダイムシフトが起こった瞬間でした。

この出来事によりP2Cブランドの可能性を大いに知ることになりました。

P2Cという新しい概念を理解するには「論より証拠」ということで、私自身の体験をご紹介します。

2022年4月、新ファッションブランド「88HachiHachi（エイティエイト ハチハチ）」をローンチしました。

コンセプトはズバリ、「車好きがつくる、車好きのためのブランド」。

プロデュースしているのは、おもにYouTube（ユーチューブ）でモータージャーナリストとして活動する五味康隆さん。五味さんは車を専門に扱うユーチューブのチャンネルで当時40万人以上の登録者数を誇っていました。

新ブランドのメインデザイナーは、「junhashimoto」の橋本淳さん。junhashimotoといえば、色気のあるシュッとしたおじさんたちに不動の人気を誇る、あの"ジュンハシ"です。シンプルな中

にもディテールにこだわったデザインに定評があり、とくに30
〜40代の方には馴染みのあるブランドかもしれません。

　私は、いわばおふたりをつなぐ役割で、新ブランドのディレク
ターとして参加しています。

　ここ数年、橋本淳さんとは公私ともに時間をともにする機会が
多いのですが、もともとは2017年にjunhashimotoのディレクシ
ョンに参加したのがきっかけです。当時は1週間で5回、橋本さ
んとランチをともにし、濃密な時間を過ごしました。今にいたっ
ては、趣味で取り組んでいるブラジリアン柔術のジムで同門の仲
です。

登録者40万人超のユーチューブチャンネル

　実は、このチームで立ち上げた新ブランド「88HachiHachi」
が自分(本間)史上最高の数字を叩き出したのです。

　成功の要因のひとつは、五味さんのユーチューブチャンネルに
おける影響力の大きさにあります。

　「E-carLife with 五味やすたか」(https://www.youtube.com/@
eCarLife)では、五味さんの"独断と偏見"にもとづいて車に関す
る情報を動画でアップしています。忖度のない"ガチ"な試乗レビ
ューなど、その率直で、透明性のある物言いと人柄が信頼と人気
を集めています。特に30〜40代の車愛好家にとっては「知る人
ぞ知る」というべき存在で、その影響力は絶大です。

　ひとつのニッチなジャンルに絞って40万人以上の登録者数を
集めるのは偉業と言っても過言ではありません。

　ニッチなジャンルの成功例の代表格といえば、筋トレ業界では、
99%以上の人が認知しているといわれるユーチューブチャンネ
ルの「筋トレ大学」。筋肉博士こと山本義徳先生と筋トレの界隈
ではよく耳にするサプリメント「VALX」がタッグを組んでつく
っている人気チャンネルです。このチャンネル登録者数は当時で
50万人超。

この数字と比べても、五味さんのチャンネル登録者数40万人超がすごい数字であることがわかります。有名な芸能人でも40万人を超える人は、ほんのひと握りです。

　しかも、五味さんのチャンネルには、**車紹介の動画にありがちな"ミニスカのおねーちゃん"が出てこない。**

　昔から車の雑誌には水着やミニスカートの女性が登場するのがお約束。車に興味がある男性なら、ユーチューブで肌の露出の多い女性のサムネイルを必ず一度はクリックしたことがあるはず。しかし、そんなミニスカばかりの車動画の中、五味さんのチャンネルには絶対領域（ニーハイブーツとミニスカの間）で視聴者を釣ろうとするサムネイルは皆無です。

　40代の"おじさん"がストイックに車と向き合う動画で勝負し続けている。この内容で40万人超えというのは、やはり驚異的と言わざるを得ません。

ライブ配信中から売れまくる

　五味さん、橋本さん、そして私の3人で取り組んだ新ブランドビジネスは、打ち合わせを重ねて、ようやく満足のいく商品サンプルが完成しました（その様子も五味さんのユーチューブで公開されています）。

　そして、いよいよ予約販売の開始。まずは、五味さんのプレミア会員さんへ向けてユーチューブのライブ配信で発表し、翌日、一般の予約販売を受け付けるという段取りでした。

　当日のライブ配信には、私と橋本さんも参加していたのですが、販売告知が目的の配信にもかかわらず、肝心のアイテムについてはほとんど触れずじまい。失礼を承知でいえば、"おじさんがだらだらと話すだけ"の内容でした。

　にもかかわらず、ライブ配信中からECサイトの商品は飛ぶように売れていきました。ライブ配信当日は首都圏にも雪が積もる予報が出ていた金曜日という、ライブ配信に有利な状況だったこ

とを差し引いても、その売れ行きには驚きました。

2日間で売上1623万円。

自分史上最高の売上を記録することになったのです。

タイアップなし、超貧弱なラインナップ

これまでも私は、ファッションブランドの販売で数々の実績を
つくってきました。

- 「LOSVEGA」というスニーカーを1日で200足（1足3万円）
- レディスストリートブランドのデニムを2日で250本
- インフルエンサーとSOMETHINGさんとでコラボしたサロペットを2週間で500着

もちろん、他の人や会社が手がけたメガヒット商品と比べたら、
大したことのない実績に見えるかもしれませんが、今回は自分の
これまでの実績をはるかに凌ぐ結果になりました。

強調したいのは、ライブ配信で販売した商品はクルーネックと
フーディー（フードの付いたスウェット）の2つのアイテムのみ
だったこと。価格はそれぞれ1万5000円と2万5000円。**決して単
価の安くない商品が次々と売れ、2日間でほぼ完売したのです**。

超有名なタレントやインフルエンサーとタイアップしたわけで
はなく、しかもシンプルを超えた“貧弱”ともいえるラインナップ
であるにもかかわらず。

ちなみに、当社で手がける、あるファッションブランドは、1
カ月の平均売上が1000万円。しかも、8アイテムを揃え、在庫も
残っている。常時4〜5人のスタッフがかかわっています。これ
でも及第点といえる実績ですから、わずか2日間で1623万円を売

り上げた事実のすごさを実感いただけると思います。

　長年アパレルブランドに関わってきましたが、これは「とんでもないパラダイムシフトが起こった」と思わされる体験でした。
　たった2つのアイテムにもかかわらず、なぜ、このような結果を出せたのか。
　これは、たまたま起きたレアケースではなく、「SNS全盛の時代にヒットするブランド」に直結する話なのです。

「88HachiHachi」のメイキング映像。ユーチューブにてサンプル製作の様子やこだわりを伝えていく。大切なのは透明性

P2Cブランドは"人ありき"のビジネスモデル

P2Cとインフルエンサーの関係

インフルエンサーとは、おもにSNSを使った情報発信で世間に対して大きな影響を与える人物の総称で、一般的にはユーチューバーやインスタグラマーなど、SNSでのフォロワーが多い人のことを指します。

インフルエンサー（influencer）という言葉は「influence（インフルエンス）」から派生したものですが、もともとは「中へ（in）流れる（fluere）」という意味のラテン語「influere」に由来します。

これを踏まえて「こちら側に流れをつくる人」と私は解釈しています。

インフルエンサーの具体的な仕事は、まだ世に知られていないブランドを周知したり、新しい活動や新しいコンセプトを伝えたり、新商品を知ってもらったりすることです。

つまり、「認知の拡大」と「集客」がインフルエンサーに期待されている役割です。

P2Cブランドでは、ブランドのデザイナーやディレクター自身がインフルエンサーの役割を果たすケースもあれば、ファンを多くもつインフルエンサーとジョイントしてブランドを認知拡大してもらうケースもあります。

最近では「88HachiHachi」の五味さんのように、**服づくりに関しては門外漢の人がインフルエンサーとなってブランドを立ち上げるパターンも増えています。**

個人と顧客が直接つながる時代

「88HachiHachi」の事例は、私が提唱する「P2C（PtoC）ブランド」の典型です。

P2C……ビジネスにはこういうアルファベットの略語がよく登場して、小難しく感じますよね。私自身、こういう専門用語がたくさん出てくるとイライラするほうですが、本書の根幹にかかわることなので、少しだけ我慢して読んでください。

あらためてP2Cについて説明すると、Person to Consumerの略で、教科書的な言い方をすれば、**個人が自身で企画、生産した商品を中間業者や小売店をはさむことなく、ECサイトなどを通じて消費者へ直接販売する取引形態**のことを指します。

「88HachiHachi」の場合も、モータージャーナリストの五味さんという個人が、自ら企画した製品を、ユーチューブを介してファンに直接商品を売っています。

一方、P2Cとよくセットで使われる言葉にD2C（DtoC）があります。

こちらは、Direct to Consumerの略で、簡単に言うと、「メーカー直販モデル」。メーカーが直接、消費者に販売するビジネスモデルです。

アパレル業界にかぎった話ではありませんが、従来のように「メーカー→卸→小売」といった流通網に乗せず、商品やサービスを直接、自社のECサイトなどを通じて販売するビジネスモデルが今では当たり前になっています。

P2CもECサイトを通じて直接お客様に販売するという意味では、D2Cの一形態といえます。

ちなみに、日本のアパレル業界でD2Cブランドの代表格とされているのが、若い女性に人気のブランド「AMERI（アメリ）」で、ECを主な販路として顧客に直販するスタイルで成長しまし

た。近年話題の150cm前後の低身長女性のための服を手がける
「COHINA（コヒナ）」もD2Cブランドにカテゴライズされます。

　D2CとP2Cの違いをシンプルに表現すると、売り手が「企業」
なのか「個人」なのかという点にあります。D2Cがメーカーと顧
客が直接つながるのに対して、**P2Cは個人が顧客と直接つながる**。
　ただし、これらはあくまでも一般的なP2CとD2Cの定義にすぎ
ず、実際のアパレルビジネスの現場はそう単純ではありません。
両者を明確に区別するのは難しい。
　たとえば、メーカーであるブランドが個人のインフルエンサー
と組んで顧客を開拓する例も多くあります。
　私の場合はインフルエンサー個人のブランドを仕掛けるディレ
クターという立場なので、D2CとP2Cの中間のビジネスモデルに
携わることも多い。あえて言えば「DP2C」ブランドということ
になりますが、ややこしくなるのでこれ以上、深入りするのはや
めましょう。

P2Cブランドの定義

　本書ではP2Cをもっとシンプルな概念で捉えていきます。私は
自分がアパレル業界で長年培ってきた経験を踏まえて、P2Cブラ
ンドを次のように定義しています。

「個人が起点になっているブランド」

　もう少し具体的にいえば、「インフルエンサー個人と顧客が直
接つながるアパレルビジネス」のことで、**"人ありき"で服が売
れる**。
　たとえば、ブランドAに興味がなかった顧客が、そのライフス
タイルに憧れているインフルエンサーの影響を受けて、ブランド
Aを購入する。五味さんの事例はまさにその典型で、SNSが浸透

している今の時代は、こうした現象がいたるところで起きています。

　みなさんがイメージしやすい例を挙げれば、「青汁王子」こと三崎優太さん。D2Cビジネスに参入し、「すっきりフルーツ青汁」という商品を大ヒットさせたことで知られますが、三崎さん自身が「青汁王子」としてユーチューブなどのメディアに積極的に登場し、広告塔となってビジネスを拡大しています。

　「○○といえば××」というように、個人とブランドをセットで想起させるのがP2Cブランドの特徴です。

　誤解を恐れずにいえば、D2CとP2Cの棲み分けはどちらでもよいのですが、「インフルエンサーがつくるブランドの価値を高める」ことが、私自身がこれまでやってきた得意とする仕事であり、**インフルエンサーと顧客が直接つながるビジネスモデルこそが、これからのアパレル業界で生き残るための道**でもあるのです。

売れているブランドは「TTS」が常識

新時代のブランドの成功法則

　P2Cの定義を踏まえたうえで、本題に移りましょう。P2Cブランドで成功する可能性を高める要素とは何でしょうか。

　新時代のブランドづくりに必要な要素は、次の公式で表すことができます。

T＋T×S（以下、TTS）

　TTSは、私がつくった言葉なので、ググっても出てきません。しかし、私の会社で調査した結果、売れているP2Cブランドは必ずと言っていいほどTTSを前提としています。

　TTSとは、**トラスト（T）＋トラスト（T）×ストーリー（S）** の略で、先ほど紹介した2日間で1623万円を売り上げた「88HachiHachi」の成功要因も、「TTS」にあります。

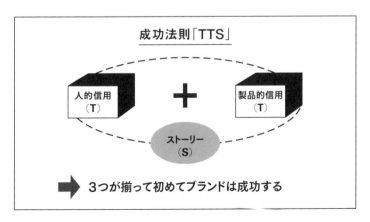

情報発信者の「信用」が心を動かす

　2つあるトラスト（T）の1つめは、「人的信用」。具体的にいえば、**「インフルエンサーの認知的信用」**です。

　誰の「信用」に基づいて購入者は商品やサービスを認知し、購入したか。

　先の例では、もちろん五味さんの信用によるところが大きい。これまで五味さんが車にこだわって、ユーチューブで語り尽くし、視聴者の質問や疑問に誠実に答えたりして培ってきた「信用」の貯金。

　五味さんは車のジャンルでは国内屈指のナレッジをもち、真摯に車に向き合ってきました。動画の中では、“オタク目線”で車の開発者の意図までをもくみとって「この車のエアロは……」「ウイングの開発にはこだわりがあって……」などと熱く語る。しかも、大事なので何度も繰り返しますが、チャンネルにはミニスカが登場しない！

　こうした姿勢が、本物の車好きから、とてつもない信用を集め続けてきたのです。

　だから、ユーチューブの視聴者は、五味さんが発信した情報であれば、車そのものの情報でなくても信用します。

　フーディーとクルーネックが売れたのも、五味さんがこれまでコツコツ築いてきた信用のたまものといえます。

　ちなみに、2つのアイテムを販売したECサイトに掲載した商品画像は、超シンプルなものでした。五味さんが着用したスナップ写真とハンガーに吊るしただけの商品サンプル画像。

　正直に言うと、まったくクールなものではなく、一般的な商品画像と比べたら、雑なつくりです。何も知らない人がこの画像を見ても、まったく興味を示さないでしょう。

　私にとってはテスト販売の意味合いが強かったので、必要最低限レベルの商品画像しか用意しなかったのですが、そんなことに

関係なく売れたのも、五味さんの信用の力です。

　誰が何を言っているか。
　誰からのアプローチか。
　誰によって認知するか。

　「誰」が情報を発信するかで、お客様の感情面も大きく変わります。
　あとでくわしく述べますが、最初に感情が動かなければ、商品を購入してもらうことはおろか、記憶してもらうことさえできません。

製品の「コンテクスト」が信用につながる

　2つめのT（トラスト）は、「製品的信用」。つまり、**「製品の機能（スペック）面における信用」**です。
　機能（スペック）と書いてしまうと、「その生地がどれだけいいのか」「日本製だからしっかりしている」といった話になりがちですが、そこだけではなく、**その製品の周辺にあるコンテクスト（背景）にこそ、真のスペックが潜んでいます。**
　たとえば、junhashimoto（ジュンハシモト）というブランドを聞いて、どんなイメージをもつでしょうか。
　実際に着たことがなくても、雑誌やテレビを通じてなんとなく知っていたり、百貨店や表参道ヒルズなどに出店しているのを見たことがあったりするかもしれない。ブランドのことを深く理解していなくても、ぼんやりとでも「高級なイメージ」をもっている人は少なくないでしょう。
　じつは、この高級イメージを想起させることが大事なのです。もちろん生地やデザインの機能面に特徴をもたせて、製品の価値を高めることも大切ですが、それ以上に、どれくらいそのジャンルや業界で権威をもっていたり、歴史や実績があったりするかが

重要です。

　つまり、その製品の背景が伝わることが信用につながります。

　ブランドビジネスはリピートが命。製品のクオリティが高くなければ、決してリピートしてもらえません。

2つの「トラスト」がリピートを生む

　人と製品の2つの「トラスト」が揃わなければ、「88HachiHachi」はブランドとして成立しなかったはずです。

　五味さんほどの認知度とファンの信用度があれば、チャンネル名である「E-CarLife」のロゴが入ったグッズ的商品を販売することも可能だったはずです。それなりに売れたかもしれない。

　でも、それはファンが"お布施"をするだけの、瞬間風速的な売上にしかならず、リピートにつなげることができなかったと想像できます。

　逆に車好きのニーズを取り入れた高品質のクルーネックとフーディーを高級ブランドがリリースしても、五味さんが紹介しなければ、やはり爆発的・持続的には売れなかったはずです。

2つの「トラスト」をつなぐ「ストーリー」

予算が潤沢でも売れない理由

ここまでの話を聞いて、こう考える人もいるかもしれません。

「ということは、高機能商品を名の知れた有名人に紹介してもらえたらバカ売れだ。楽勝じゃん!」

じつは、ここに大きな落とし穴があります。

「有名人」が「高性能商品」を売る。

こんな簡単な公式でブランドが売れるなら、広告費をバンバン出せる大手が余裕で勝ち続けているはず。ネットのない時代ならともかく、今のアパレルビジネスはそんなに甘くはない。実際は大企業でさえも苦戦を強いられています。

ここで登場するのが、最後のS(ストーリー)。TとTをつなげる接着剤が必要です。

「認知されている人」と「高品質のモノ」が揃っていたとしても、それをつなげるストーリーがないとヒットにはつながりません。

「88HachiHachi」というブランドが生まれた経緯について、五味さんは動画の中でこのように振り返っています。

「雑誌『LEON』のゴルフコンペで知り合った橋本さんと意気投合したことからすべてが始まった。

ずっとファッションブランドをやりたかったけれど、ただのグッズはつくりたくない。とことん品質にもこだわった車好きのた

めの服ならやってみたい。カッコいい車から降りてきたドライバーの服がイマイチじゃイヤじゃないか！

そんなわがままをデザイナーさんにぶつけて、納得のいくものをつくりたかった。

そんなとき、たまたま出会ったデザイナーの橋本さんに熱い思いを聞いてもらったことで、新しいブランドが生まれた」

モテる「ちょい不良」でおなじみの『LEON』とゴルフコンペ。この組み合わせからして、すでに高級な匂いがプンプンと漂ってきます。

そして、"イケてるおじさん"2人がゴルフのプレー中に話が盛り上がり、「車好きが車好きのための服をつくる」というコンセプトの素が生まれた……。

車好きの絶対的支持を集める人気モータージャーナリストと有名ファッションデザイナーをつないだゴルフコンペでの出会い。

これこそが2つの「信用」をつなぐ「ストーリー」です。

実際に、完成したフーディーとクルーネックには、モータージャーナリストである五味さんならではこだわりが反映されていました。

視聴者に人気の高い高級車レクサスに似合う色合いにこだわったり、パーカーのポケットに入れていた車のキーを浜辺でなくした経験をもとに、フーディーのサイドポケットにジッパーを付けたりしたのです。これもまた、車好きなら「なるほど！」と唸るストーリーです。

ブランドを育てるにはストーリーが不可欠

なぜインフルエンサーに良い商品を宣伝してもらっただけではスベってしまうのか？

ファンが引きつけられ、納得するようなストーリーが加わって、初めてリピートを生み、ブランドが育っていきます。

ストーリーがトラストとトラストをつなぐ接着剤として機能し、初めてファンを引きつけることができるのです。

たとえば、ファッションブランドを立ち上げたかった五味さんが、デザイナーや業者に頼んでグッズ化したとします。この場合、どうしても"ビジネス"というイメージから脱却できないので、2日間で1623万円という数字を叩き出せたかは、正直疑問が残ります。

P2Cブランドで成功するには、TTSの考え方が大切です。

「88HachiHachi」は現在、ブランドの拡大に向けて次のステップに踏み出した段階ですが、やはりカギを握るのは、TTSの3つをいかに機能させるかという点に集約されます。

今後どのように市場に認知させていくかは、私の腕の見せどころですが、とんでもないポテンシャルがあることだけはひしひしと感じています。

「TTS」が揃えばさまざまな年代に売れる

リピーターを生み出し、ブランドとして確立したいなら、「TTS」の3つが揃うことが必要不可欠です。

逆にいえば、TTSのバランスのとれたブランドであれば、いろいろなアイテムを、さまざまな世代に向けて売ることができます。

一般にSNSマーケティングの対象は「若者」「女性」というイメージが強いですが、TTSがかみ合えば、「88HachiHachi」のように**30〜40代の男性に服を売ることができます**。

商品の機能面も決して軽視してはいけません。人気インフルエンサーが紹介した商品が、実際に購入したお客様を納得させられるかどうかが重要です。

「88HachiHachi」では予約販売という形をとりましたが、この場合、お客様の手元に届くまで数週間かかるというケースも少なくありません。そこまで待ってもらった商品が、ありきたりな平

凡なものだったらどうでしょう。商品そのものの魅力や機能にお客様が満足しなければ、リピートにはつながりません。

インフルエンサーの影響力だけに頼った商品は単価も上げづらいので、製品自体の説得力が貧弱だと必然的に尻つぼみになっていきます。

言わずもがなですが、逆に製品が機能的でコスパがよくても、認知されていなければ、ブランドとして成り立ちません。

いいものをつくっているけど、バズらない……という製品には、それを起こすことができるインフルエンサーが必要になります。

しかし、フォロワーが多ければいい、みんなが知っている存在であればいい、というわけでなく、**その製品とマッチした「ストーリー」を語れるインフルエンサーが必要なのです**。

マス広告の時代は終わった

テレビや雑誌などのマス広告が有効だった時代はとうに過ぎ去っています。SNS時代にブランドを認知・拡大させるには「TTS」が必要不可欠です。

マス広告時代では、競合の商品数が今よりもずっと少なかったこともあり、広告費をたくさんかけ、何度もたくさん目に触れるようにすれば、見込み客にどんどん商品のイメージを刷り込むことができました。

しかし、SNS時代ではセグメントは超細分化され、競合も日本だけでなく世界中にいます。**莫大な広告費をかけても、マス広告時代のような効果は望めなくなりました**。そもそも消費者が広告に接する機会も時間も極端に減っています。

だからこそ、「ストーリー」を使ってお客様の感情を動かし、その記憶に残さなければなりません。

芸能人や有名人を起用して、いくら機能的な製品の広告を打ったとしても、ストーリーがなければ、ただ見込み客の意識の表面をなぞるだけで、感情を突き動かすことはできません。情報があ

ふれかえっているSNS時代においては、それくらいの認知では記憶の片隅にも残りません。

　脳の記憶をつかさどる海馬（かいば）に刻まれるようなしかけ、すなわち**ストーリーが必要**なのです。

　では、お客様の感情にどう訴え、ブランドを記憶に刻んでもらうか。そこには、ストーリーテラーの役割を担うインフルエンサーの存在と、製品的信用を満たすプロダクトが不可欠です。この2つの信用（T）について、あとでくわしく述べていきましょう。

「WWD JAPAN」のウェブサイト。
自社のSNSだけでなく、メディアなども使ってストーリーを訴求していく

「起業家＆カリスマホスト ROLAND が語る『自己資金でブランドをやる理由』（前編）」（2022 年 4 月 15 日）
https://www.wwdjapan.com/
articles/1352765

メーカーとインフルエンサーをつなぐ「P2Cブランドプロデューサー」

アパレルメーカーの苦悩

これまでのファッションブランドで最も大事な役目を任されていたのが、商品をつくるデザイナーと生産管理です。ファッションブランドは、これらつくり手であるメーカーの技量の大きさが命運を分けていました。

しかし、IT化が進むにつれ、トレンドデザインの情報が手に入りやすくなり、現実にパリまで行かなくてもパリコレの情報をリアルタイムでキャッチできるようになりました。

また、ZOZOやamazonのランキングを見れば、何がウケているかを把握できます。

さらに、パリコレで発表されていないブランドのデザインも、Pinterest（ピンタレスト：ファッションコーディネートなどのアイデアを集められるウェブサービス）やインスタグラムですぐに確認できるようになりました。

情報はどんどんと画一化されて、商品そのもので違いを出そうとすることが難しくなってきています。

また、「モノをつくる」という面においても、Tシャツやスウェット、トートバッグ、ポーチくらいであれば、誰でもネット検索から短納期で安くつくるサービスを見つけることができます。

ひと昔前であれば、Tシャツひとつつくるのも時間がかかりました。Adobe（アドビ）のイラストレーターやフォトショップでグラフィックを作成したり、プリントについて専門的な知識を仕入れたりしなければなりませんでした。

しかし、グラフィックの知識がなければ、「ランサーズ」や「クラウドワークス」といったウェブサービスでもグラフィック

デザイナーを見つけることができますし、手書きからでもプリントデータをつくってくれるメーカーもあります。

プリント技術も進化し、かつては高級プリントだったフルカラーのインクジェットプリントなどは、学生でも使えるレベルになっています。

だからこそ**「つくるだけのメーカー」は値段を叩かれ、納期を詰められ、薄利で忙しいだけの仕事に忙殺されるようになってしまったのです。**

インフルエンサーの苦境

一方で、インフルエンサーもこれまでのビジネスモデルが通用しなくなっています。

最近ではPR投稿については「＃PR」などのハッシュタグをつけて、広告であることを明示することがルールになっています。これによりステマ（ステルスマーケティング）広告を打てなくなり、口コミを装って宣伝することが難しくなりました。

その結果、**広告効果が薄れ、インフルエンサーに対する広告のギャランティも下がり続けています。**

もともとオフラインのパーティやイベントに招集され、商品の告知をすることを収入源としていたインフルエンサーが多くいました。

しかし、ここ数年はコロナの影響でオフラインのイベントが激減し、一投稿あたりの単価も下がってしまったのです。

このような苦境を打開しようと、インフルエンサーのなかには広告収入だけに頼らず、自分のブランドを立ち上げようと画策する人たちも少なくありません。

しかし、これまでメーカーで働いた経験があるわけではなく、納期やロットも手探り状態から始めるわけですから、その労力は計り知れません。

とはいえ、ネット検索からサービスを見つけてものづくりを始

めても、ノベルティグッズ以上のクオリティにはならないので、顧客はつきませんし、ブランドとして独り立ちさせることも困難です。

「P2Cブランドプロデューサー」という存在

こうしたメーカーやインフルエンサーの苦悩をすべて解決できるのが、P2Cブランドです。

これまで広告だけで収入を得ていたインフルエンサーと、付加価値を出せずに薄利を追いかけていたメーカーのどちらも救うことができます。

とはいえ、インフルエンサーとメーカーがタッグを組めば、P2Cブランドをつくれるわけではありません。もうひとつ、大切な役割を担う存在が必要になります。

それが**「P2Cブランドプロデューサー」**です。

P2Cブランドプロデューサーについては、本書の中で私がいちばん伝えたいことのひとつです。

これまで20年以上さまざまなファッションブランドを見てきた中で、ブランドプロデューサーの力が成功のカギを握っていることに気づきました。

特にP2Cブランドをプロデュースするには、**PRとものづくりのバランスをとることが決め手になります**。

ものづくりを担当するメーカーと、集客・告知を担当するインフルエンサー。この両者を下支えする役割を果たすのが、P2Cブランドプロデューサーなのです。

では、P2Cブランドプロデューサーは何をしているのか。次項でくわしく見ていきましょう。

「P2Cブランドプロデューサー」の3つの仕事

ブランド成功のカギを握る「コンセプト」

P2Cブランドプロデューサーの仕事は、大きく分けて3つあります。

①コンセプトづくり
②デイリーマーケティング
③資金管理

ひとつずつ説明していきましょう。

コンセプトづくりは、その名の通り、あなたのブランドのコンセプトを明確にする仕事です。

ブランドが当たるも当たらぬも、50％以上はコンセプトづくりにかかってきます。

では、どうやってブランドや商品のコンセプトを考えていけばいいのでしょうか。

セオリーをいえば、マーケットに潜んでいる隙間を見つけ出し、「このタイミングなら、こんなものが売れるはず」と、商品をリリースする方法があります。

とはいえ、ちょうどよいタイミングでマーケットの隙間を突いた商品があなたの手元にビシッと揃う、ということは現実的にほとんどありません。

このように、マーケットの状況を見て理想のアイテムをつくるのが、「マーケットイン」という考え方です。

反対に、ブランド側がマーケットに対して、まだ世の中にない

ような新しい商品を打ち出す方法もあります。これは「プロダクトアウト」と呼ばれます。

インフルエンサーの発信力があるP2Cブランドでは、**プロダクトアウトで進めるのが基本スタンス**です。

なぜなら、マーケットで珍しい商品だからこそ他社との価格競争に巻き込まれず、粗利益もとれるからです。

反対にP2Cブランドは、すでに市場にある商品の安価版や廉価版を販売する「価格破壊モデル」は向いていません。他社と値段で競っていても、結局、工場でつくられているものであれば、最後は大量生産モデルに価格で勝つことは難しくなります。

また、ブランドイメージとインフルエンサーのイメージは紐づくので、安価なブランドイメージはインフルエンサー本人のイメージを落としかねません。

だからこそ、P2Cブランドでは、プロダクトアウト寄りのスタンスでものづくりをすることをおすすめしています。

プロダクトアウト寄りのものづくりは、マーケットにはない、新しい商品を世に出すのですから、その核となるコンセプトが命綱となります。このコンセプトを打ち出すのが、P2Cブランドプロデューサーの大きな役割なのです。

ブランドを育てる「デイリーマーケティング」

P2Cブランドを展開するうえでは、インフルエンサーの情報発信だけでは届かない見込み客にアプローチする仕事や、日常的に商品の魅力を伝える仕事、ブランドに興味をもってもらう仕事も必要です。

これらを「デイリーマーケティング」と呼んでいます。

デイリーマーケティングの中心的役割を担うのは本来ブランドマネジャーと呼ばれるポジションの人ですが、成功のポイントは、**最初はP2Cブランドプロデューサーの立場にある人がデイリーマ**

ーケティングを率先して行うこと。いずれ規模が大きくなってきたら、その下のブランドマネジャーに業務を移譲していくイメージです。

インフルエンサーが日なたの仕事なら、ブランドマネジャーは日陰の仕事ともいえます。

インフルエンサーがお客様を狙い撃ちにして集めてくる猟師なら、ブランドマネジャーは黙々と田んぼをお世話する稲作農家。毎日、田んぼの水を替えては、変な虫がいないか、肥料は足りているか、こまめにチェックし続けます。派手さはないですが、大事な仕事です。田んぼの収穫量によって、ブランドの安定力が変わってくるからです。

ブランドマネジャーが担う「売れるブランドづくり」は、商品をつくるデザイナーと同じくらい大事な仕事なのです。

ブランドマネジャーは、「どのくらいの人がサイトにアクセスしたか」「コンバージョン率（購入率）はどのくらいか」といった数字をブランドごとにKPI（Key Performance Indicator：重要業績評価指標）を立てて管理していきます。

「資金管理」の問題を解決する秘策

ものづくりをするうえで、どうしても切り離せないのが資金管理です。

「製品をつくる」ということは、すなわち「在庫をつくる」ということでもあります。在庫ビジネスとコンテンツビジネスとでは、商売の方法や考え方が大きく異なります。

在庫ビジネスは最初に仕入れなければならず、そのための資金が必要になります。規模が小さいうちはいいのですが、規模が大きくなってくると固定費を大きく超えて、資金繰りに影響してきます。

商品の取扱量が増えると、それを保管するための倉庫代もどん

どん大きくなります。在庫の管理や運営、消化率の計算など、これらを担当する人材も必要になります。

　大きな資金がないと大きな売上をつくれないのが在庫ビジネスのデメリットのひとつである一方、これが参入障壁のひとつになるともいえます。

　また、どれだけ売れるかわからないものを、最初から当てずっぽうの予測で発注をかけるのはリスクがあります。

　しかし、このような資金調達や在庫管理のリスクをなくせる方法があります。それが、**受注型のオーダーシステムやクラウドファンディング**です。

　完全受注型にすれば、撮影用のサンプルをつくるだけで、それ以上のリスクはありません。

　クラウドファンディングも同じく、撮影用サンプルだけあれば、あとはその動画や画像を使い、オーダーを集めるだけです。

　予測だけでいきなり発注することもないので、大きな資金も必要ありません。

　私の場合、**初めてコラボするインフルエンサーとのローンチには、受注型のオーダーシステムを採用しています**。そのインフルエンサーとの相性や、どこまで一緒に頑張ってくれるのかなどをテストするのに効果的です。

　さらに、先に受注の売上金が手元に集まることで、その次のサンプル作成もすぐに進めることもできます。だからこそ、最初の一歩は受注型のオーダーシステムからスタートすることがおすすめです。

受注型の商品をつくる際のポイント

　とはいえ、受注型オーダーシステムやクラウドファンディングに弱点がないかというと、そうでもありません。

　基本的に受注を受けてからの発注になるので、当然、製品が上

がってくるまでのリードタイムは長くなります。一般的なアパレル製品であれば2カ月くらいかかりますし、お客様の手元に届く時間が長くなればなるほど、商品としての競争力が下がり、今すぐ欲しい思っているお客様の販売機会ロスを生むケースも多くなります。

　クラウドファンディングの場合、目標の数量にもとづいてコスト計算をするので、目標を達成できない場合は損益分岐点を超えず、生産をストップせざるを得ません。

　したがって、**受注型の商品をつくる場合は、季節変動に左右されない商品や、トレンド感が強くない定番品がおすすめです。**

　もちろん、誰も見たこともないような商品を仕掛けて、受注がとれれば最高ですが、私のこれまでの経験から言うと、何カ月も先に手元に届く目新しい製品で、望み通りの結果になったケースはほぼありません。

　だからこそ、いきなり在庫を発注するのではなく、**テストマーケティングを兼ねて受注型のオーダーシステムを採用する**といった戦略が必要になります。

　資金繰りや在庫管理はブランドを運営するうえで避けては通れないファクターですから、P2Cブランドプロデューサーが全体の戦略を描く必要があるのです。

ブランドづくりは
「製作委員会方式」
から学べ

ブランド成功の秘訣は
コラボレーションにあり

スタートで大切な「リスク管理」

　ブランドビジネスで成功するには、有名なインフルエンサーでなくてはならない。あるいは、他では真似できないような商品をつくることができるメーカーでなくてはならない。そう思い込んでいる人は少なくありません。

　しかし、そんなインフルエンサーやメーカーでなくても、短期間で大きな利益を生み出す方法があります。本章では、その方法についておもに説明していきましょう。

　私はファッションブランドプロデューサーという職業柄、こんな質問をよく受けます。

　「アパレルブランドをつくりたいのですが、何から始めればよいですか？」

　ブランドを立ち上げる目的はさまざまです。将来、パリコレに参加するようなブランドをやりたいのか、全国に数十店舗を展開するようなブランドに育てたいのか。

　なによりも自分の欲しい服をつくってみたいのか、世の中の不満、不安、不便を解消するような社会に貢献する仕事をしたいのか。会社のイメージをアップさせたいのか、フロントエンドやバックエンド商品として展開したいのか。

　その目的によってブランドメッセージは大きく異なります。しかし、**もし私がゼロからファッションブランドを立ち上げるなら、まずは「リスクを下げる」ことを考えます。**

　多くの場合、最初は資金も人的リソースも少ないでしょうから、極力リスクを抑えながらテストを繰り返していきます。

　たとえば、まずは100着くらいのロットから始めて、どういうデザインやコンセプトがふさわしいか、どのようにお客様にアプローチすればよいかを探りながら、何度もテストを重ねていきます。そうしてリスクを管理しながら、成功に着実に近づいていくのです。

　どんなにデザインやコンセプトに自信があっても、いきなり大勝負をして売れるほどファッションビジネスは甘くありません。

　現実を見据えれば、いきなりリアル店舗を構えるのではなく、まずはECで販売する。つまり、**B2C（Business to Consumer）モデルで、お客様に直接販売するのが最善の策**です。

　すでにリアル店舗を展開している場合も同じ。もはやECをおざなりにしてブランドを大きくすることはできません。

「強み」をもち寄るのが成功の近道

　しかし、ECの弱点は、ただアイテムをつくって並べただけでは誰もお店にやってきてくれないこと。誰にも気づいてもらえなければ、無人島に一軒、ぽつんとショップを出しているのと同じです。

　まずはECショップにお客様がやってくるように橋をかけてあげる必要があります。

　そこで重要な役割を果たすのがインフルエンサーです。

　彼ら、彼女らの存在を通じて多くの人にブランドに興味・関心をもってもらうことが、ECで服を売るための近道なのです。

　私自身はSNSのフォロワーをたくさん抱えるインフルエンサーではありません。私が情報発信しても、その反応はたかが知れています。私が得意とするのは、ファッションブランドの商品企画や販売計画、コンサルティングです。

そのため、P2Cブランドを展開するときは、ほとんどがコラボレーションビジネス。インフルエンサーやメーカーなどと一緒にお互いの強みをもち寄り、価値を生み出すというスタイルです。

「弱み」を克服するな、「強み」をとがらせろ

SNSで仕掛けたいならインフルエンサーと組み、クオリティの高い製品をつくりたいならそれが得意なメーカーやブランドと組む。**お互いの「資産」を掛け合わせることでブランドの価値が生まれる**のです。

なんでも自分一人でやりたがる人もいます。もちろん、否定はしませんが、現実には圧倒的に時間が足りない。

たとえば、ゼロからインスタを始めてインフルエンサーになろうと思えば、途方もない時間と労力がかかります。ジョイントなら、他の人の経験値で補い合うことができるので、スピード感が出ます。

P2Cブランドのようなジョイントビジネスでは、**「弱み」を自分で克服するよりも、「強み」をとがらせたほうが結果は出やすい**のです。

このようにプロジェクトごとにチームを組んで活動するという意味で、映画やアニメの「製作委員会」のイメージに近いかもしれません。

もし、あなたがインフルエンサーや特別な技術をもつメーカーでなくても、ブランドを成功させる秘訣があります。ズバリ、**「製作委員会方式」**です。

どのように「製作委員会方式」を取り入れて、誰とジョイントをするのか?　ここは大事なところなので、次項でしっかりと伝えていきます。

誰もがブランドの つくり手となれる「BIPS」

ブランドも「製作委員会方式」で

第1章で、売れるP2Cブランドをつくるためには「TTSが重要だ」と述べましたが、TTSを生み出すために必要不可欠なものがあります。それは、**一緒にブランドを育てる「チーム」**です。

どんなメンバーが必要なのか？
誰と組んだら間違いないのか？
社内でもそんなチームがつくれるのか？

たくさんの疑問がわいてくるかもしれませんが、売れるP2Cブランドのチームづくりの秘訣が、映画やアニメの世界にあるような「製作委員会方式」なのです。

なぜファッションブランドをつくるのに映画やアニメの製作委員会方式がよいのでしょうか。順を追って説明しましょう。

激変の時代に対応できる「チームのあり方」

iPhone3Gが生まれてから15年以上が経ちました。続々と新機種が投入されるスマホは現代人にとって手放せない存在になると同時に、人の集中力がひと昔前に比べ下がったといわれます。肌身離さず持ち歩くスマホから情報が絶えず入ってくるからです。

このような状況では、テレビ全盛の時代のように、顧客の興味関心を引き続けることは難しくなります。商品にしても人にしてもどんどん消費され、飽きられてしまうからです。

今の時代背景や市場を取り巻く環境に応じて、ブランド側も柔

軟に対応することがマストになっているのです。

　つまり、「ブランドの顧客がどのメディアを見ているか」によって、告知する方法も変わってきます。

　メディア環境は時代により大きく変わり、それらを活用する人たちは媒体や端末に大きく左右されるという特徴があります。

　たとえば、テレビで活躍しているタレントさんがユーチューブやインスタグラムで人気があるとは限りませんし、ひと昔前にブログで一世を風靡した人が今も変わらずインスタグラムやユーチューブで第一線にいるという話も聞きません。

　テレビやパソコンといった端末で圧倒的なポジションを築いた人であっても、スマホという端末はまったく別の市場であり、戦い方が大きく変わる、ということを意味しています。

　今、インスタグラムやユーチューブの第一線で活躍しているインフルエンサーも、スマホが情報収集のメインストリームから外れたり、スマホの中にあるアプリのトレンドが変化したりしただけで"ゲームマスター"が変わり、活躍の舞台から追い落とされると予測されます。

　では、このような時代に、どうやってP2Cブランドをつくっていけばよいのでしょうか。

　ここで、「製作委員会方式」を取り入れた**BIPS（バイプス）**の出番になります。

「餅は餅屋」のチーム編成

　BIPSとは、次の4つの頭文字を取った言葉です。

B：ブランドプロデューサー
Ｉ：インフルエンサー
P：プロダクトメーカー
S：ストーリー

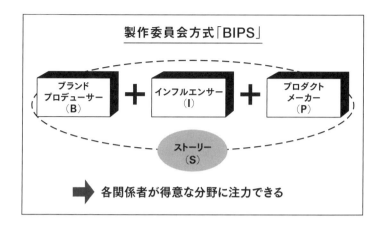

一般に製作委員会は、ひとつの作品をつくるために多くの人や組織が関わります。そして作品が終われば解散し、新しい作品は別のメンバーや組織でつくっていきます。

映画やアニメの製作委員会の場合、出資者をはじめ配給会社、監督や役者、カメラマンなど現場の制作チームなどで構成されます。その作品をプロモーションするメディアや二次利用を担当するチームも製作委員会のメンバーです。

製作委員会はずっと同じ組織やメンバーではなく、つくる作品に応じてメンバーを変えていきます。「餅は餅屋」という言葉がありますが、**メンバーそれぞれが得意な専門部分に注力できるというメリットがあります**。

この製作委員会方式をP2Cブランドに当てはめると、面白いことが起きます。もしあなたが有名なインフルエンサーでなくても、誰も真似できないような商品をつくれるメーカーでなくても、ブランドプロデューサー（B）になれば、売れるP2Cブランドをつくることができるのです。

インフルエンサーでなくてもブランドをつくれる

　先に述べたように、ブランドプロデューサー（B）はインフル
エンサー（I）とプロダクトメーカー（P）ができない、大切な役
割を果たします。

　そのひとつが「**マーケティング**」です。

　マーケティングは基本さえ押さえれば、ある程度のレベルまで
なら誰でも結果を出しやすいという特徴があります。

　それと違って、インフルエンサーやプロダクトメーカーになる
のは簡単ではありません。

　インフルエンサーになるには、ある程度才能と運に恵まれる必
要があります。プロダクトメーカーになるには知識と経験の蓄積
が重要で、一朝一夕で良質な製品をつくれるメーカーにはなれま
せん。

　そこで、あなたがチームの中心となり、**ブランドをプロデュー
スする立場からインフルエンサーとプロダクトメーカーをつなぎ
合わせてP2Cブランドをつくる**のです。

　このように言うと難しく聞こえるかもしれませんが、ある程度
マーケティングを理解していて、人と人をつなぐことが好きであ
れば、そんなに難しい仕事ではありません。

　現に、私はインフルエンサーでもなければ、ものづくりの職人
でもありません。それにもかかわらず、現代ホスト界の帝王と
呼ばれるROLAND（ローランド）さんとともに会社を設立して
P2Cブランドを立ち上げたり、大手芸能事務所と契約して新しい
ブランドを手がけたりしています。

　これらが可能になったのも、人と人をつなぐというプロデュー
サーの立場に徹すると同時に、ビジネスの現場でマーケティング
の基礎を日々学んでいるからです。

チームの接着剤となる「ストーリー」

ストーリーがビジョンを明確にする

　BIPSの「S」を理解していないと、適材適所の仕事ができず、チームが機能しなくなります。

　ブランドの方向性を打ち出してECの数字を管理する「ブランドプロデューサー（B）」、ブランドの世界観をターゲットに届ける「インフルエンサー（I）」、他にはないUSP（独自の強み）を生み出す「プロダクトメーカー（P）」——これらの立場も役割も異なる3者のポジションをつなぎ合わせるのが、ストーリー（S）です。

　TTSのストーリー（S）が、チームにおいても重要な役割を果たします。このストーリーの存在によって、**ブランドの目標やビジョンが明確化されていくのです**。

　デニムの老舗SOMETHING（サムシング）さんと、インフルエンサーのCHIKAKOさんとのコラボレーションを例にとって説明していきましょう。

　コラボレーションのスタートは、サムシングさんからの相談がきっかけでした。

　「若い女性たちのデニム離れが年々進んでいる。ブランドが年を重ねるとともに、お客様の年齢層も上の年代が多くなり、若い女性たちへのリーチが減ってきている。そんな状況を打開すべく、自社のECに若い女性を集客したい」

　これを踏まえて私は、インスタグラムを通じてお客様とのつながりが深く、なおかつアメリカンなデニム素材のイメージがピッタリと合うインフルエンサーを探し始めました。そのインフルエ

ンサーを通じてECへ集客しようと考えたのです。

　何名か候補がいたのですが、当時オーストラリアのバイロンベイに在住していたCHIKAKOさんに、「コラボデニムを製作しませんか」と相談しました。

　CHIKAKOさんとは過去にZOZOTOWNの企画でご一緒したことがあり、日頃からインスタグラムでのお客様とのコメントのやり取りを見ていて、そのつながりの深さをよく知っていました。また、彼女のフィードのヘルシーでネイチャーな世界観が、サムシングデニムのイメージとピッタリでした。

ストーリーは「不満」から始まる

　私を含めたチームの構成は、次のようになりました。

ブランドプロデューサー：私（本間）
インフルエンサー：CHIKAKOさん
プロダクトメーカー：サムシングさん

　B・I・Pのポジションが揃ったら、あとはバラバラのピースをつなぐ接着剤ともいえるストーリーづくりが必要になります。
　ストーリーの多くは、誰かの不満から始まります。世の中の不満と言い換えてもいいでしょう。
　CHIKAKOさんに話を聞くと、「デニム素材が好きで、日頃オーバーオールをよく着ているが、自分の体型やファッションスタイルにしっくりくるオーバーオールがなかった」とのこと。
　古着の質感が好きで買おうと思っても、メンズのオーバーオールを合わせると、オーバーサイズになってルーズに見えすぎたり、男っぽく見えすぎたり……。逆に、レディス用のオーバーオールを試すと、着丈が足りなかったり、腰回りがタイトすぎてヌケ感がなかったり……。
　このような悩みを踏まえて、CHIKAKOさんの体型やスタイル

に合わせたオーバーオールのサンプルづくりが進んでいきました。

当時はコロナ渦ということもあり、CHIKAKOさんはオーストラリアから出ることができなかったため、すべてのやり取りを日本とオーストラリア間のリモートワークで進めるほかありませんでした。

リモートワークが当たり前の今ならあり得る話ですが、当時はメンバー全員リモートワークでものづくりを進めるというケースは、初めての体験でした。

一緒の空間で顔を合わせることができないので、何度もサンプルのサイズ修正を行いました。このときプロダクトメーカーであるサムシングさんは、ミリ単位の修正に対しても妥協することなくサンプルをつくり続けてくれました。本当に大変だったと思います。

フォロワーが少なくても結果は出る

カラーリングにもストーリーを感じてもらえるような仕掛けをしました。

バイロンベイに住むCHIKAKOさんは、現地の空気感をそのまま切り取ったような写真を自身のインスタグラムにアップしていました。早朝、サーファーたちが波待ちをしている広大な海の写真からインディゴブルーのデニムを着想し、薄いピンク、オレンジ、深い紫へとレイヤーがかかった夕日の写真からインスピレーションを得て、オーバーオールをピンクカラーに染色しました。

ただ好きなカラーでつくるのではなく、**つくる側も着る側もバイロンベイの緩やかな空気ごと身にまとう、そんなストーリーを感じてもらいたかった**のです。

そして、このストーリーに合わせた写真や文章をランディングページに載せると同時に、CHIKAKOさんのインスタグラムの投稿やストーリー機能のQ&Aを通じて、フォロワーに向けてどん

どん物語を発信していきました。

　結果、CHIKAKOさんが初めて手掛けたデニムのオーバーオールは、**発売から2週間で約600本を販売。金額にして約1000万円の売上**となりました。

　1000万円という数字だけ見ると、大きいのか小さいのか意見が分かれるところだと思いますが、**CHIKAKOさんのフォロワー数は当時2万5000人**です。

　「えっ、たった2万5000人ですか?」と目を疑う人が大半だと思います。

　彼女は何百万人ものフォロワーを抱えるようなメガインフルエンサーではありません。

　世間的には限りなく無名に近いインフルエンサーでも、フォロワー2万5000人で1000万円ほどの売上をつくることができる。これがBIPSがもつ大きな可能性なのです。

SOMETHING と CHIKAKO さんのコラボ企画

好循環を生み出す 「チームメンバー」の見極め方

恩と義理、礼儀と筋をあなどるな

BIPSの説明でも述べたように、P2Cブランドは一人ですべて行うことは難しく、誰かとチームを組む必要があります。

それゆえに、最もその成否を分けるのが、**チームに参加してもらうインフルエンサーをはじめとしたメンバーの見極め**です。

ビジネスといえども、日々のやり取りを通じて、相手が頑張っていたら応援したくなりますし、反対にズルしていると感じるような相手のためには頑張ろうという気持ちにはなりません。

こう書くと、「古い人間」と思われるかもしれませんが、ビジネスにおいては**恩と義理、礼儀と筋を大切にしています**。

やってもらったことに対する恩義を忘れず、義理堅くお返しする気持ちをもち、礼儀を尽くし、筋を通す。

一見、"そっち側"の人のようにも感じるかもしれませんが、シンプルに言えば、「感謝を忘れない」「感謝を伝える」ことを大事にしているのです。

自分を大切にしてくれる相手とは、もちろんよい関係が続きますし、反対にビジネスだからといって、ドライにお金だけの関係を求めると長期的な付き合いには発展しません。

「この人のために頑張りたい」「このチームのために頑張ろう」
——このようにメンバー同士が思えるチームが結果を出すことができます。

もちろん、仕事のためのチームなので、それぞれにエゴや利害もあるのは当然ですが、ベースの部分で恩と義理、礼儀と筋を大切にしているチームであれば、長いビジネスの中で何度かやって

くる試練や下り坂にも柔軟に対応できます。

　これはインフルエンサーやメーカーとのパートナー関係だけでなく、そのチームで働くスタッフにも言えることです。

与える人を増やして、奪う人をなくす

　「このチームのために頑張ろう」という人とジョイントすることで、ハイパフォーマンスを出すチームをつくることができます。

　ペンシルベニア大学ウォートンスクールで組織心理学を専門に研究する学者、アダム・グラント氏は、人間の行動様式を「**ギバー**」「**テイカー**」「**マッチャー**」という3つのタイプに分けています。

　ギバー（Giver）とは、自分の時間や知識、アイデアなどを見返りを期待せずに、相手に惜しみなく与える人のこと。困った人がいたら「FOR YOU」の精神で助ける傾向があります。

　ギバーは2種類に分けられます。

　ひとつは、「自己犠牲型ギバー」。自分の利益はあまり気にかけず、他者の利益を優先するタイプです。

　その結果、相手に与えることが多くなり、自分の利益を損ねてしまうことがあります。結果、燃え尽き症候群になり、逆に受け取ることを優先するようになる可能性も含んでいます。

　もうひとつは、「他者志向型ギバー」。相手やチーム全体の利益を優先に考えるタイプです。

　自分の受け取る利益よりも相手に多く与えようとしますが、決して犠牲者にならず、自分にも還元されるような仕組みを考え、長期的に自分も相手も利益を損ないません。

　テイカー（Taker）は、常に自分の利益を優先させ、多くを受け取ろうとする人のことです。

　なにはともあれ自分の利益を最優先に考え、他人よりも上に

立とうとする気持ちが強いので、すぐに「マウント」をとって
くる傾向があります。いわゆる「かまってちゃん」が典型例で、
「FOR ME」の精神が顕著に現れやすい人です。

　マッチャー（Macher）は、その場の状況に合わせて、ギブも
するけれどテイクもするタイプです。

　頭の中にバランスシートがあって、「前回ギブしてもらったか
ら、今回はギブしようかな」と考える一方で、「前回貸しをつく
ったので、今回は返してほしい」と考える傾向があります。

　アダム・グラント氏の著書『GIVE＆TAKE「与える人」こそ
成功する時代』（三笠書房）の中では、**チームの中に他者志向型
ギバーが増えることで、チームの生産性は上がる**という実験結
果が紹介されています。

　また、ギバー、マッチャー、テイカーは2：6：2の割合でチー
ムや組織に分布し、マッチャーは他者志向型ギバーが多い組織だ
と他者志向型ギバーになり、テイカーが多い組織だと保身のため
にテイカーになる、としています。

　さらに、全員を他者志向型ギバーにすることは現実的ではない
ので、まずはテイカーをチームに入れないこと。次にすでにテイ
カーがチームにいる場合は、**テイカーを速やかに排除することが
強いチームづくりに必要だ**と唱えています。

　「テイカーを排除する」という言葉は、実にアメリカ人らしい
ダイレクトな表現だとは思いますが、チームでのパフォーマンス
というのは、スキルやノウハウ以前に、人と人との関係性が何よ
りも影響するということを示唆しています。

　実は、この概念を知ったとき、ドキッとしました。なぜなら、
過去に私が関わり大失敗に終わったビジネスは、チーム内に数人
のテイカーがいてチームが崩壊したからです。何を隠そう、リー
ダーの私自身も自社と自分の利益を求めるテイカーマインドでし

た。それが原因でチームが崩壊したことに、あらためて気づかされました。

P2Cブランドでジョイントする際に大切なのは、**他者志向型ギバーのマインドをもった相手と組むこと、そして自分自身が他者志向型ギバーのマインドをもって相手と接すること**です。

「ヤバい！」と感じるメンバーをチームに入れる

インフルエンサーをはじめチームメンバーとジョイントする際は、「この人の仕事ぶりは、いい意味でヤバい！」と思う人と組むことを心がけましょう。

もちろん、卓越したスキルやノウハウがあって「ヤバい！」と感じさせる人も大切ですが、それ以上に、仕事に対する姿勢にヤバさを感じさせる人に注目すべきです。

仕事に対する姿勢がずば抜けている人は、チームを鼓舞する力があるからです。

私は今、共同経営者としてアパレルブランド「MINIMUS」に携わっていますが、一緒にブランドを展開しているのが、実業家・ホストとして活躍するローランドさんです。

ローランドさんのプロとしての仕事ぶりには、いつもいい意味での「ヤバさ」を感じます。

一緒にポップアップイベント（期間限定の販売イベント）を開催したときのことです。ローランドさんがお客様のスタイリングを一緒に考え、接客してくれるというイベントだったのですが、オープンから夕方のクローズまで終始、テレビでいつも見せているようなキレキレのトークを披露してくれました。それだけでなく、来店時の「いらっしゃいませ」から退店時の「ありがとうございました」までのお客様対応、写真撮影、試着室の確認、スタッフへの気遣いまで、休むことなく笑顔でやりきってくれました。

お客様に対してもスタッフに対しても、分け隔てのないギブの

精神が伝わってきました。まるで舞台のように完璧に振る舞う姿に「ヤバさ」を感じざるを得ませんでした。

　しかも、イベント後は、夜からホストクラブに出勤して朝まで働き続け、さらに翌日もMINIMUSのイベントで同じように最高のパフォーマンスを発揮してお客様を楽しませていました。

　ヤバくないですか？（笑）

　自分の会社だからこそ、休みたくなるときもあれば、接客の手を抜きたくなることもあると思います。

　実際、私はこれまで数多くのインフルエンサーと仕事をしてきましたが、仕事で手を抜いている姿や気が抜けている表情を見ることは少なくありません。

　人間らしいといえば人間らしいのですが、そのような人間らしさをも超越した、プロフェッショナルとしてのローランドさんの仕事ぶりに「ヤバさ」を感じるのです。

　「昨日の自分に勝つために頑張るのが、男として生まれた定め」。

　SNSの総フォロワー250万人以上（2022年10月現在）のメガインフルエンサーであるにもかかわらず、自分の言葉通り、ストイックに信念を貫く姿に感銘を受けました。

　仕事に対する姿勢の「ヤバさ」をまわりが感じれば感じるほど、メンバーの意識は高まり、強いチームに成長していきます。このようなチームでは良好な関係性が築かれ、「あの人のために頑張ろう」という好循環が生まれるのです。

インフルエンサーを見極める12のチェックポイント

　ここまでコラボレーションするチームメンバーの見極め方について述べてきましたが、特にインフルエンサーをどう見極めるかは、重要なポイントです。スキルやノウハウ、エンゲージメント

率（投稿に反応したユーザーの割合）なども大事なポイントですが、まずは**「どんな関係を築ける相手なのか」、つまりマインドセットが大切な確認ポイントとなります**。

　コラボするインフルエンサーを見極めるには、12のチェックポイントがあります。

　12のチェックポイントの詳細は、ダウンロード付録として動画でお伝えしていますので、すぐに実践したい方は巻末のQRコードを読み込み、公式LINEからお友達追加してください。。

インフルエンサーは 広告の「道具」ではない

「報酬」よりも大事なもの

ここからはBIPSの重要な構成メンバーであるインフルエンサーとの付き合い方について触れておきたいと思います。

自分のブランドにインフルエンサーがいない場合、インフルエンサーとジョイントしてブランドを認知拡大してもらう必要があります。

インフルエンサーとのジョイントに関して、こんな質問を受けたことがあります。

「インフルエンサーに出ていかれたらどうするんですか？」

核心に迫ったよい質問だと思います。

まず、インフルエンサーと仕事をするうえでいちばん大切なのは、**報酬**よりも「**関係性**」です。どれだけ抜け漏れを防いだ緻密な契約書をつくったところで、良好な関係を築いていないと、ジョイントの仕事はうまく機能しません。

私自身、多くのインフルエンサーとジョイントしてきましたが、P2Cブランドの要であるインフルエンサー本人のやる気がなくなったり、私のようなディレクターとの関係が悪化したりする事態は十分に考えられます。

あるいは、商品がめちゃくちゃ売れて、「これからは一人でやっていきます。ありがとうございました」と言って、独り立ちしてしまうことも十分あり得ます。

このようにインフルエンサーが"天狗"になるケースの反対で、

想定していたより全然売れなくて継続不能になるパターンも、かなりの確率であります。

　だからこそ、在庫というリスクを抱えるブランドやメーカー側からすると、「インフルエンサーの影響力を使って、さっさと売上をつくりたい」というのが本音です。

　しかし、長年にわたり、いくつかのブランドをインフルエンサーとともに仕掛けてきた経験から、わかってきたことがあります。**インフルエンサーの影響力を"道具"としてとらえていると、あとあと問題になる**という事実です。

　ビジネスパートナーであるインフルエンサーに対して、影響力という「機能面」だけにフォーカスして付き合おうとすれば、あなたもインフルエンサーからお金を生み出してくれる"道具"として扱われます。

　アパレルにかぎらず、どんなジョイントビジネスにもいえることですが、お互いの信用の基盤の上にビジネスは成り立ちます。

　インフルエンサーとジョイントする際のポイントは、「**お互いに信用を築くこと**」にあります。きれいごとに聞こえるかもしれませんが、これは数多くのインフルエンサーと仕事をし続けてきた結果たどりついた本質といえます。

最終目標は「独り立ちできるブランド」

　ぶっちゃけてしまいますが、フォロワーが何十万人もいるインフルエンサーと組んだからといって、そう簡単には売れません。**「それだけフォロワーがいれば、売れないものはない」というのは幻想**です。

　単発の商品を売るだけであれば、ある程度の売上はつくれるかもしれません。しかし、ブランドとして展開していくとなれば、継続して売れ続けることが必要になります。

　ブランドとして成立させるには、スタイルやアイテムが必要になりますし、季節ごとのラインナップも揃えなければなりません。

　「有名人」というだけで売れるのであれば、今ごろ世の中は芸能人のブランドばかりになっています。

　インフルエンサーといわれる存在がいることで、認知を広めやすくなったのは事実です。しかし、商品としての機能やクオリティ、スタイルは必要不可欠です。

　私がインフルエンサーとジョイントするときに、最終的な目標にしているのは、これです。

　「インフルエンサーがいなくとも、独り立ちできるブランドをつくること」

　これが実現できたら、インフルエンサーの人気に頼らなくても、商品はきちんと売れていき、継続的に売上をつくれます。インフルエンサーが休んでいたとしても報酬を払うことができます。

　もちろん、P2Cブランドはインフルエンサーありきのブランドなので、はじめはインフルエンサーに依存することになりますし、「ブランド＝インフルエンサー」という認知でスタートします。

　しかし、いつまでもインフルエンサーに頼らざるを得ない状態、つまりインフルエンサーの属人化から抜け出せないでいると、売上アップも売上ダウンもインフルエンサーのがんばり次第になってしまいます。

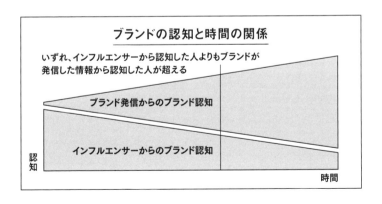

インフルエンサーとハッピーな関係をつくる5つのポイント

「契約書」だけではうまくいかない

インフルエンサーとの関係づくりは、P2Cブランドを展開していくにあたり、キモになる部分です。ブランドの魅力を発信してくれるインフルエンサーとの良好な協力関係なくしては、苦戦を強いられる結果となります。

このように言うと、次のような疑問をもつ人がいるかもしれません。

「関係づくりといっても、インフルエンサーにとっても仕事でしょう？　しっかりやってくれますよね」

「すべて契約書を交わせば済む話じゃないですか？」

もちろん、インフルエンサーも仕事としてジョイントするわけですし、お互いにプロ同士です。

しかし、相手も一人の人間であることを忘れてはいけません。どれだけ契約書に細かく内容を盛り込み、がっちり取り決めたとしても、**インフルエンサーが自発的にやる気をもって、ブランドのために行動してくれなければ、長期で売れるブランドをつくることはできません。**

単発で、ただ広告を依頼するだけの関係であれば、「告知投稿とストーリー投稿を3回ずつ、ライブを1回やってください」と取り決めれば済むかもしれませんが、本気でP2Cブランドをつくろうと思えば、そのようなドライな対応ではうまくいきません。

インフルエンサーに対して一人の生身の人間として接し、良好な関係つくる必要があります。

　インフルエンサーとの関係が良好であれば、自然と打つ手は増えます。そうでなければ、できることは限られて、平面的な仕掛けしかできなくなります。

　よくある会社の生産部と営業部の対立は、組織同士なので落としどころを見つけやすいですが、インフルエンサーとの付き合いは人同士なので感情的にぶつかりやすい。「思ったように動いてくれない」「もっと熱量をもって告知してほしい」などと不満もたまりやすくなります。

　私の会社は、もともとD2CやP2Cブランドのコンサルや商品企画、販売計画を行っているため、いろいろなタイプの人や会社とジョイントしてきました。

　もちろん、すべてうまくいったわけではありません。インフルエンサーやジョイント先との関係がぎくしゃくして、望んでいない結果に終わったこともあれば、企画自体が途中でなくなったこともありました。

　そんな経験を積み重ねてきた結果、インフルエンサーとジョイントする上でいつも大事にしていることが5つあります。ひとつずつ見ていきましょう。

①インフルエンサーの熱量を上げる
②ゴールを明確にする
③最悪のシナリオを共有する
④必ずテストする
⑤早い段階で言いたいことを言える環境をつくる

①インフルエンサーの「熱量」を上げる

　当たり前ですが、インフルエンサーも人間です。
　インフルエンサーに限った話ではありませんが、ジョイント相手、チームメンバーに対しても、必ずリスペクトと感謝をもって接していきましょう。

インフルエンサーとジョイントする場合、ブランドやメーカー側は「インフルエンサーに売ってもらおうぜ」という感覚がある一方で、インフルエンサー側も「自分では製品をつくれないからブランドやメーカーに任せよう」という感覚になりがちです。

　もちろん、お互いを補う関係ではありますが、ビジネスや打算が見え隠れするようだと、必ずお客様にバレてしまいます。

　インフルエンサーには、ブランドに対する「熱量」をもってもらえるように接する必要があります。

　勘違いしやすいところですが、メーカーやブランド側はインフルエンサーに宣伝してもらえれば、ある程度売れると思っています。

　これは、半分は正解ですが、半分は不正解。同じ人物が告知したとしても、**商品に対する情熱がなければ結果はまったく違うものになります**。ユーチューブで10万人のフォロワーを抱えているインフルエンサーだとしても、ペロッと告知したくらいでは大きな反響は望めません。

　ポイントは、**インフルエンサーの「熱量」**です。

　いくらすぐれた商品だとしても、何度も告知して、商品づくりのストーリーやその商品に対する想い、コンセプト、機能性などを伝えていく必要があります。インフルエンサーの告知の中に、商品のストーリーや想いがない、つまり「熱量」が低いと、それは自然とフォロワーにも伝わります。

　「これって、ただの“案件”なんだな」

　バリバリの案件や宣伝に、人の心は動かされません。

　今の若い世代は、テレビCMや広告に対して、まったくと言っていいほど興味を示しません。有名なアートディレクターを起用したり、お金をかけた豪華な映像をつくったからといって心が揺さぶられるわけでないのです。

　その代わりに、彼らはスマホでSNSと動画を見ています。それによって商品との接点も変化し、インフルエンサーがSNSで発信する情報や友人のSNSの投稿が、新しい商品を知るきっかけにな

るケースが年々増えています。だからこそ、インフルエンサーの「熱量」が重要になります。

　「モノ」は真似できるが、「人」は真似できない。インフルエンサーの個性が「この人から買いたい！」という気持ちをかき立てます。

　こう言うと、インフルエンサー頼りに聞こえるかもしれませんが、どのようにブランドを大きくしていくかを、インフルエンサーとともに考えていけるような環境をつくることが大切です。

　当社が展開するブランドでは、インフルエンサーとジョイントする場合、必ずそのインフルエンサーが「フォロワーのみんなに見てもらいたい」と思えるようなビジュアルを一緒につくるようにしています。

　「これを紹介してね」と商品を渡して、ZOOMで打ち合わせしたくらいでは、インフルエンサーは熱を込めて商品を告知できません。熱量がフォロワーに伝わらなければ、関心をもってくれたり、ファンになってくれたりはしません。

　熱量を生み出すために、インフルエンサーとコラボして一緒に商品づくりからスタートするケースも多々あります。「**あなたが本気でおすすめしたくなるようものでないと結果は出ない**」とインフルエンサーにも伝えています。

　もしコラボが実現すれば、インフルエンサーが心から欲しいもの、フォロワーのみんなに見せたくなるようなものを一緒につくることができます。一緒に商品開発をしていく中で、インフルエンサーのこだわりが反映されれば、それを語るときにも熱が入ります。

　もちろん、インフルエンサーは服づくりのプロとは限らないので、メーカー側の目的や想いを共有してもらう必要はありますが、優先度としては、「**メーカーの目的に合うもの**」よりも「**インフルエンサーの熱量が上がるもの**」。あくまでもこの順番のほうがP2Cブランドはうまくいきます。

まずは**インフルエンサーの意見を尊重し、彼らの世界観を表現するようなものづくりを心がけることが大事です。**

　コラボした商品の投稿がSNSで反響を呼べば、インフルエンサーにもメリットがあります。インフルエンサー自身のブランド力や世の中からの評価が高まるといった利点があれば、インフルエンサーも一生懸命、商品に関する情報をアップしてくれるはずです。

　メーカーの視点からいえば、インフルエンサーのことを「広く告知してくれる便利な人」と位置づけがちですが、リスペクトの気持ちを欠くと、「投稿を依頼するだけ」になり、企画は全然盛り上がらなくなるので注意しましょう。

②ゴールを明確にする

　案外多いのですが、コラボ企画の「ゴール」を決めていないケースがあります。

　メーカーやブランド側の売上目標は決まっているけれど、インフルエンサーの報酬について明確になっていないケースもあります。

　「販売目標に達したら、次回はこんな取り組みをしましょう」

　「ここまで売れたら、インスタ広告も試してみましょう」

　このように**明るい未来を共有することも、インフルエンサーの「熱量」に大きく影響してきます。**

　数字でゴールを明確にして、「いつまでに、何が、いくつ売れると、こんなインセンティブや可能性がある」ということを事前に伝えておくことが大切です。

　具体的なゴールだけでなく、**もっと大きなビジョンも擦り合わせておくこと**をおすすめします。

　たとえば、商品が売れると、次の展開に向けて忙しくなります。メーカーやブランドの立場とすれば、もっと売上を増やして、ブ

ランドを大きくしたいと考えるところですが、インフルエンサーは「こんなに忙しくなるとは思わなかった！　旅行に行けなくなる」というように、不満をもつ可能性があります。

「売れたら万事うまくいく」とはかぎりません。将来、ブランドをどうしたいのかといったビジョンまで踏み込んで話しておくと、こうしたリスクを軽減できます。

③最悪のシナリオを共有する

インフルエンサーとコラボして商品づくりをしているときに陥りがちな罠があります。売れる算段ばかり立てて、その逆の売れなかったケースを想定するのを忘れがちです。

目標に到達するために、できることはすべてやるというスタンスは大切ですが、それでも失敗に終わることはあります。**売れなかったときのケースも事前に想定しておくことが必要です。**

たとえば、発売後、期待していた販売数を達成していなかったとします。こういうとき、二の手、三の手が用意されていることが重要です。

・インフルエンサーの友人などに告知を協力してもらう
・自社のサイトだけでなく、他のモールにも出品する
・販売促進のために期間限定のクーポンを出す　など

このように、予定通りの結果にならなかったときに備えて、いくつかのプランを用意しておく。そうすることで対応が後手にまわることを防ぐことができます。

おすすめは、**うまくいったときの「アッパープラン」と、逆にうまくいかなかったときの「ダウナープラン」の両方を発売前に共有しておくこと**です。そうすることで、インフルエンサーも心構えができ、仮にうまくいかなかったときでも、前向きにリカバリーに取り組んでくれます。

④必ずテストする

はじめは小さくテストすることが大事です。

ウェブマーケティングであれば、ランディングページをABテストするのは当然のステップとされます。ABテストとは、2つのものを比較するテストで、サイトや広告のアクセス数や成約率などのデータを比較し、成果が出ているほうを採用します。

しかし、アパレルの場合は、いきなり現物の在庫をつくり、販売するケースも少なくありません。

服づくりの場合、ミニマムロットがあるので、最小でも100枚つくらなければならなかったり、生地のミニマムロットをつぶさなければならなかったりといった事情がつきまといます。したがって、最小単位で始めたとしても、ある程度リスクを抱えることになります。

もちろん、今の時代の流れに合わせて、**受注生産で始める**という選択肢もあります。環境に負担をかけないものづくりという今日のニーズにも合いますし過剰に在庫をつくらなくて済むので、リスクを抑えて安全に進めることもできます。

ただし、受注生産には2つの問題があります。どうしても納期が読めなくなることと、試着ができないことです。

在庫リスクをいきなり抱えてスタートするのは怖い、でも売れるかどうかわからない――そんなときには、事前にアンケートをとったり、フォロワーからコメントをもらったりして、ニーズを把握しながら進める方法もあります。

たとえば、私が携わったブランドで、インフルエンサーを通じて「靴はフラットとヒールどっちがほしいですか？」とアンケートをとったことがあります。私たちは内心、「ヒールのほうが売れる」と予想していたのですが、アンケートの結果、ヒールと答えたのは1割にも達しませんでした。思い込みでヒールをつくっていたら……と考えるとゾッとします。

インフルエンサーのフォロワー数が万単位であれば、平均500くらいの回答が得られます。

また、リスクを減らすテクニックとしては、いきなり商品を発売するのではなく、**商品づくりの様子を少しずつ見せていく「ティザー（じらし）告知」も効果的です。**

ティザー告知とは、商品を大々的に取り上げず、断片的な情報だけを公開し、お客様の興味を引くプロモーション手法のこと。

お客様の反応を見ながら、細かくメッセージの軌道修正を行うことで、リスクを軽減していくことができますし、その告知プロセス自体がブランドのストーリーとなり、フォロワーを巻き込むことができます。

私の場合は、仮にユーチューブで100万人のフォロワーがいるインフルエンサーと組んだとしても、毎回テスト、テスト、テスト——という気持ちで、着実にP2Cブランドを展開しています。

⑤早い段階で言いたいことを言える環境をつくる

1回だけの企画でも、長期にわたる取り組みでも、チームで仕事をするうえで大事なことは、「**早い段階でのぶつかり合い**」です。

こう言うと、「インフルエンサーとケンカしなくてはいけないんですか？　できるだけ波風を立てたくないです」と思うかもしれません。

もちろん、本気でケンカをしろとは言いません。相手に対するリスペクトをもったうえで、お互いの目的にズレがあれば、早めにそのズレを埋めていく。つまり、腹のうちを安心して見せ合える環境をつくることが大切です。

言いたいことが言えないでいると、商品が売れなくなったときに本音を伝えられないので、余計に気まずくなります。

「ぶつかり合い」が最強のチームをつくる

チームビルディングの「タックマンモデル」

チームプレーであるBIPSを機能させるためには、チームビルディングのスキルも必要になります。

チームビルディングを行う際は、「タックマンモデル」という強力なフレームワークがあります。

これはアパレルに限らず、他社や他者などはじめてのメンバーと一緒にチームをつくるときに役立つだけでなく、「今自分のチームがどの状況にあるのか」を知るうえでも便利です。

チームには、**①形成期→②混乱期→③統一期→④機能期**という4つの成長段階があるとされます。

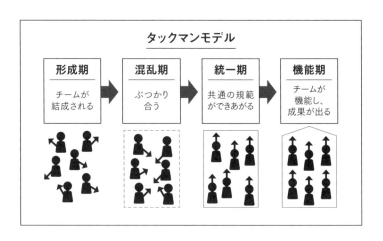

①形成期とは、チームが結成されたばかりの段階で、**本音を出さずに様子見をしている状態**です。この段階では、まだ不安や遠

慮、緊張といった感情が混在しています。

インフルエンサーとコラボするためにチームメンバーが集まったばかりの段階では、まだお互いの明確なゴールは定まっていません。「お互いの得意な能力を足し算したら、なんとなく売れそうだし、面白そう」といった期待感はあるものの、まだ価値観がズレている可能性が高い。この段階では、チームワークが機能しているといえません。

②混乱期では、**意見や主義・主張のぶつかり合いが起きます**。仕事が始まってみると、チームメンバーのお互いの仕事のやり方や考え方に対して不満が出てきます。

ここで、言いたいことを言える環境をしっかりつくっておかないと、あとあとまでぎくしゃくした雰囲気を引きずることになります。

ぶつかり合うのはストレスを伴いますが、不満があるならこの段階で解消しておく必要があります。

③統一期では、**混乱を乗り越え、共通の規範や役割ができ上がります**。目標がメンバーに共有され、チームとして従うルールも定着する段階です。

統一期に入れば、「あの人はきっとあの仕事をやってくれているだろう」とお互いの役割の棲み分けができ、いちいち進捗を確認しなくて済みます。週に一度のミーティングで十分管理し合えるくらい、お互いの仕事の状況を把握できている状態です。

④機能期では、**チームが機能して成果が生まれます**。成功体験ができ、リーダーから言われなくてもメンバーが自律的に動き、さらなる成果が生まれる状態です。

機能期に入ると、各々のポジションから、プロジェクトに対して、クリエイティブなアイデアが自然発生的に出てきます。新しいキャンペーンの方法や、これまでリーチしていなかった

層へアプローチする新しいアイデアなどが、思いも寄らないメンバーから出てくることもあります。各メンバーがお互いに信頼し合っている状態だからこそ生まれる現象です。

「混乱期」は避けて通れない

以上のように、チームビルディングには4つのフェーズがありますが、なかでも②混乱期の乗り越え方がカギになるといわれています。

過去に、関西出身のインフルエンサーとジョイントしたときのことです。この企画は、次の4者がキーマンとして集まりました。

・プロデューサー
・インフルエンサー
・インフルエンサーの紹介者
・デザイナー（私）

この時点で、4人の仕事が明確になっておらず、関係値も低いまま。「このインフルエンサーさんはフォロワーも多いので、ブランドをつくったら儲かりそう」。そんな安易な発想からスタートしました。

事前に販売計画やスケジュールの確認は行っていたのですが、まったく言いたいことを言える関係ではありませんでした。

企画段階では「これならうまくいきそうだね」と盛り上がり、その後の進行も比較的スムーズでした。しかし、いざ商品がローンチされると、売上は予想を大幅に下回りました。

すると、急にみんなが"他人事"のような態度をとり、「勝手に進んでいた」「知らなかった」などと責任を押し付け合うようになりました。

最後には連絡もままならなくなり、チームは空中分解。

結果、この案件を企画したプロデューサーは連絡もつかなくな

り、商品をつくっていた私がすべての負債を引き受けることになりました。

　事前に最悪のケースのプランも用意しておき、企画段階でメンバーが言いたいことを言える環境をつくっておけばよかったと後悔しました。

ジョイント前にメンバーに伝える言葉

　販売前から「売れなかったとき」のことを検討するのは、水を差すようで気まずいものがあります。「正直に言って嫌われたらどうしよう」「いい人だと思われたい」などといった気持ちが脳裏をよぎるかもしれません。

　しかし、そんな甘いことを言っていては、チームは弱いままで、いざというとき危機を乗り越えることができません。

　チームビルディングで失敗した経験をもつ私は、今ではジョイントが始まる前に、次のようにメンバーに伝え、納得してもらってからプロジェクトを始めるようにしています。

　「私たちの目的は、ブランドや商品の価値を多くのお客様へ伝え、感動してもらうこと。そのために言いたいことは言い合おう。そのためにぶつかり合うことはプラスなこと。言われたときは嫌な気持ちになるかもしれないけど、言う側も気まずいと思いながらあえて伝えていることを理解しておこう」

　全部が全部うまくいくわけではありません。だから、**最初から一時的に「揉める」ことを織り込んでスタートする**のです。

　同時に、そこには個人的に好き嫌いの感情があるわけではない、ということも伝えておきます。その心構えがあると、実際に揉めたときでも建設的な議論ができます。

　ただし、言いたいことをオープンに伝えるといっても、伝え方

しだいでは、本当に関係が崩れ、企画がローンチする前にチーム解散に追い込まれる可能性もあります。

　だからこそ、「クッション」となる言葉が重要になります。たとえば、相手の言動に不満がある場合は、あるひと言を付け加えて指摘します。

「もしかしたら、これは私の思い込みかもしれませんが……」

　これは、私の仕事仲間であり、コーチングのメンターである大森健巳さんから教えてもらった"魔法のひと言"です。角が立ちそうなときでも、このひと言を付け加えて指摘すると、相手に身構える時間をつくることができます。

　そんなに長い時間ではありませんが、「なんかまずいことしたかな……」と自分の言動を振り返り、その指摘を受け止める準備ができます。

　誰でも、他人から言われたくないことを指摘されたら、素直に「はい、そうですか」とは受け入れられないものです。自分自身が納得したうえでないと、頭では理解しても行動レベルで変わることはできません。

　私は、混乱期を乗り越える過程で、この魔法のひと言に何度も救われてきました。今では会社の会議でもチームメンバー同士でよく使っています。

第3章

Story

コンセプトは
「ストーリー」で語れ

商品デザインよりも「世界観」

ユニクロが日本人の品質基準

　お客様が買っているのは単なる服ではありません。その服の背景にあるストーリーを買っています。第1章で述べたTTSの「S」です。

　もちろん、コンテンツである商品のデザインも大切ですが、P2Cブランドではその商品本体を取り巻く「世界観」が、より重要になります。

　大切なのは、その商品にまつわる誕生の話や製作者の思い、人間模様や歴史のストーリー。**ブランドのファンをつくるのは、商品デザインよりも断然「世界観」です**。

　なぜ、P2Cブランドに「世界観」が重要なのか？

　誤解を恐れずに言えば、現代のアパレル製品において、お客様がネットでモノだけを見てその商品の良し悪しを判断するのは難しいからです。

　正直に告白しましょう。もし、私がアパレル業界で働いていなければ、ユニクロとその他の中国製の服の違いは区別できないでしょう。生地や縫製のクオリティがどれくらい違うのかも判断できないはずです。

「生地に重厚感があるから、高級なんじゃないか？」

「さわり心地がスベスベだから、いいものなんじゃないか？」

　この程度のジャッジをするのが精一杯だと思います。

　今の日本では、1枚のシャツに3990円も支払えば、粗悪なクオリティの服をつかまされる可能性はかなり低いでしょう。生産技

術の発展によって、安くても品質が安定したモノを大量に生産できるようになり、「安かろう、悪かろう」は過去の話になりつつあるように思えます。

また、良くも悪くもユニクロの品質は日本人のひとつの品質基準となっています。一度日本市場から撤退したFOREVER21のようにトレンド性はあるけれど、比較対象のユニクロよりも品質の劣る製品を販売したブランドは、SNSなどで評判を落とし、蹴落とされる結果となります。

「機能」で差を出すのは難しい

似たようなことは、飲食業界でも起こっています。たとえば、近所にあるラーメン店やカレー店のような飲食店は、総じてレベルが上がっています。今の時代、めちゃくちゃまずいラーメン店やカレー店に巡り合うこと自体が難しくなりました。

なぜなら、「食べログ」「Retty」などのグルメサイトのおかげで、ユーザーは入店せずとも、その店のメニュー情報や口コミが事前に手に入り、十分に吟味することができるからです。その結果、まずい飲食店は存在することが難しくなり、平均点以上の飲食店が生き残る結果になります。

服にしても飲食店にしても、SNSやインターネットの比較サイトが進化したおかげで、**ある程度のプライスレンジの中では商品（コンテンツ）自体に差をつけるのは難しくなっている**ということです。

にもかかわらず、今のアパレル業界には、機能的な価値に寄りすぎている面があります。

たとえば、防水性・透湿性・防風性にすぐれた素材「GORE-TEX（ゴアテックス）」は、さまざまなアウトドアブランドなどとコラボして人気を集めています。

その人気を見て他のブランドは、「ゴアテックスは耐水圧4万5000㎜だから、うちは耐水圧5万㎜を目指そう」という発想をし

がち。しかし、ゴアテックスを支持する人は、ゴアテックスというブランドそのものの響きやコラボ先を含めたイメージがカッコいいから選んでいます。

　単純に商品の機能面で勝負してもゴアテックスには勝てない。売れないブランドは、こうした勘違いをしていることが少なくありません。

　では、商品（コンテンツ）で違いが出せないのであれば、どのようにして商品の優位性を打ち出せばよいのか。
　その答えが、ストーリーであり、ブランドの背景にある世界観なのです。

一撃必殺！
「コンセプトの魔力」

百貨店の最高売上を達成したコンセプト

　これからP2Cブランドを立ち上げるなら、ストーリーの土台となるコンセプトづくりは避けて通れません。私も新たにブランドを立ち上げるときは、コンセプトメイキングに最も時間をかけます。

　たとえば、私がディレクターとして携わり、P2Cブランドとしてヒットしたレディースブランドのケースでも、時間をかけてコンセプトづくりに臨みました。

　何度も女性のデザイナーと話し合い、文字に起こしては、世界観にフィットするかを確かめました。そもそも**デザイナー自身が共感しないコンセプトでは、「熱狂的なファン」をつくれません**。

　このブランドは立ち上げ当初、「艶のある女性らしさ」というコンセプトを打ち出しました。スタートしたばかりのブランドのわりには、そこそこ売れてはいましたが、いまいちエッジが立っていませんでした。

　そこで、さらにコンセプトを考え直していきました。

　こんなときこそ、現状を洞察することが大切です。市場を見てみると、いわゆる「女性デザイナーがつくる女性らしい服」は世の中にたくさんあることに気がつきました。

　自分たちは他のブランドとの違いを出せていると思っていても、お客様からは似たりよったりに見えていることはよくあります。

　そんなとき、ターニングポイントとなる出来事がありました。

　デザイナーがインスタの投稿で着ていた古着のハーレーTシャツのスタイリングが、他の投稿と比べて多くのコメントが寄せられていたのを発見しました。

「なぜ、古着のプリントTシャツにそんなにコメントが集まるのか？」

分析開始です。その頃、レディースブランドでプリントTシャツを看板商品としているブランドはほぼありませんでした。

もしかして、レディースブランドでも、裏原ブランドのような服づくりがウケるかも……。そこで生まれたのが、「レディース発のストリートブランド」というコンセプトでした。

当時はXガールや、ステューシーレディースあたりがストリートブランドとして展開していましたが、あくまでメンズ派生のストリートウェアであって、女性らしい艶を感じさせるものではありませんでした。

そこで新ブランドでは、女性らしい肌の見せ方をする服にプリントTシャツを合わせてスタイリングをしてみました。

このコンセプトが当たりました。プリントTシャツがバズりまくり、デザイナーのインスタ投稿を真似たファンの投稿を毎日見かけるようになりました。

さらに、当時、大手百貨店で開催したポップアップショップでは、**その百貨店の最高記録となる売上をつくることにも成功しました**。

「そこそこ売れているニッチブランド」から、「マーケットリーダー」になった瞬間でした。まるで魔法をかけられたかのように。

同じブランドでも、**光の当て方を変えるだけで、まったく違う売れ方をします**。コンセプトは、まさに一撃必殺の威力をもっているのです。

コンセプトメイクはブランドの核

あなたが今売っている商品やブランドには、まだ見えていない魅力や良さがきっとあります。もしかしたら、今の3倍、5倍ヒットする市場があるかもしれない。

つねに、その可能性を信じて探究心を失わないことが大事です。

　服づくりは、デザイン画を書くところからスタートし、サンプル制作、生産……と時間がかかります。ゼロから商品をつくるのは本当に大変です。私も服づくりを20年以上続けているので、よくわかります。

　だからこそ、せっかくつくった商品はきっちりお客様の手元に届けてあげたい。在庫を残せば、それまでの労力は報われず、ただ、地球のゴミを増やすだけですから……。丹精込めてつくった服をゴミにしないために、商品をつくる前にすべきことがあります。

　それは、**コンセプトを練り込むことです**。そして、小さくつくってテスト、テスト、テスト。何度もテストを繰り返す。テストばかりしていると、その分、時間がかかりますが、あとで大きく軌道修正するよりは、はるかにラクです。

　「かわいくて安い」が売りだったFOREVER21やH＆Mなどのファストファッションが軒並み日本の市場から退場していきました。安くてほどほどの品質の服を大量に市場に投入するだけでは、もはや日本の若者は興味を示しません。

　今こそ、ブランドにはコンセプトとそれを伝えるストーリーが必要です。**明確なコンセプトのない服は市場から撤退させられる運命にあります**。

服はコンセプトで生まれ変わる

　商品が売れないからといって、その原因がすべて商品にあるとはかぎりません。**コンセプトが間違っていて、適切なターゲットに届いていないだけかもしれません**。

　そもそも服そのものは、大昔からあって決して新しいものではありません。ファッションのトレンドはぐるぐると回っていて、時代を経て昔のトレンドが再び流行るということが起きます。

　1997年、フランスの伝説的デザイナーであるティエリー・ミュグレーは、「服は進化すると最終的にラバースーツのようにな

る」と、タイヤをイメージしたラバースーツを発表しました。見た目はまるで、アニメ『キャッツ・アイ』の衣装のような体のラインにピタリと合ったレオタードのよう。服の機能を突き詰めていくと、動きやすく、取り扱いやすく、外気温に左右されない宇宙服のようになるというわけです。

当時は、それが最新のハイテクファッションとして注目を集めましたが、実際には2000年代に入ると、DSQUARED2（ディースクエアード）のデニムが再び流行しました。服は進化するどころか、1980年代のトレンドに戻ってしまったのです。

現在はビッグシルエットがトレンドですが、これは1980～1990年代に流行したファッション。服そのものは同じでも、新しいコンセプトによって生まれ変わったのです。

ブランドビジネスで大事なのは、**服そのものではなく、コンセプトが新しいかどうか。切り口が異なれば、同じような服でもまったく新しいものになります**。

たとえば、同じようなシルエットのスーツでも、今風にキャップやスニーカーを合わせるだけで意味合いが変わってきます。

コンセプトは、一撃必殺の破壊力をもっています。誤解を恐れずに言えば、コンセプトさえバチッと決まれば、多少マーケティングやセールスをおろそかにしてもどうにかなります。

コンセプトはブランドの核となり、家を建てるときの柱を支える礎のようなもの。コンセプトが弱いと、柱も立たないし、ブランドの存在意義も薄くなってしまいます。

一方、コンセプトが強力であれば、それを伝えるストーリーは魔法のように「熱狂的なお客様」を引きつけます。「コンセプト」には魔力が宿るのです。

飛躍的に売れる コンセプトメイキングの方法

コンセプトメイキングの2つのフェーズ

　では、どうすれば、魔法のような「コンセプト」をつくれるのでしょうか。

　コンセプトをつくる作業を「コンセプトメイキング」と呼びます。コンセプトメイキングについては、2つの時間軸のフェーズに分けられます。

　コンセプトメイキングの最初の段階では、否定的な発想を一切禁止して、とにかく明るく楽しく、ワクワクしながら自由にアイデアを出すことが大切です。これを**ドリーマーのフェーズ**と呼びます。

【ドリーマーのフェーズ】
①今までの常識からズレているか
②光の当て方が変わっているか、切り口が新しいか
③自分たちに情熱があるか
④お客様は熱狂しそうか
⑤市場に対してキャッチーか

　たくさん出たコンセプトアイデアをまとめていきながら、そのコンセプトが現実的に実現可能なのか、自社のリソースと照らし合わせながら考えるのが**リアリストのフェーズ**です。

【リアリストのフェーズ】
①他社との違いは何か

②どれくらい時間がかかるか

③マーケティングファネル（顧客が商品・サービスを認知してから、実際に購入するまでの一連の流れ）がつくれているか、拡張性があるか

④メッセージに共感できるか

⑤お客様のライフスタイルにフィットするか、暮らしの変化が読めるか

　私がコンセプトづくりをするときは、これら2つのフェーズと10のポイントを頭に入れて臨んでいます。

　しかし、正直に言うと、すべてに該当するコンセプトは相当にレベルが高い。これをすべて満たしたら、iPhoneのような世界を変えるメガヒット商品をつくれそうです（笑）

　残念ながら、私はそこまで頭がよくないので、すべてを満たすコンセプトをつくるのは難しい。そこで、まずはこれらのポイントの一部だけでも取り入れるところから始めています。

　なかでも、ファッションブランドのコンセプトを考えるうえで重視しているポイントは、次の3つに絞られます。

・光の当て方が変わっているか、切り口が新しいか

・メッセージに共感できるか

・お客様のライフスタイルにフィットするか、暮らしの変化が読めるか

光の当て方を変えるだけで飛躍的に売れる

　ブランドのコンセプトを考えるうえで、いちばんの醍醐味は**「光の当て方が変わっているか、切り口が新しいか」**にあります。この条件にハマるコンセプトを思いつけば、他のブランドと差別化でき、唯一無二のブランドに育つ可能性もあります。

　ここ数年、私のもとに寄せられる相談は、「新規ブランドの立

ち上げ」か、「既存ブランドのリブランド」のどちらかで、割合は半々くらいです。

「新規ブランドの立ち上げ」と「既存ブランドのリブランド」では、コンセプトをつくるときのアプローチがだいぶ異なります。

たとえば、ゼロからP2Cブランドをはじめる場合は、市場の隙間を見つけて、ニッチ戦略をとることができます。

しかし、すでにコンセプトが弱いままブランドを続けているケースもよくあります。このような既存のブランドを立て直すには、新しい切り口のアプローチが効果的です。

私が既存ブランドをリブランドするときに使っているフレームが以下です。

・**商品**
・**ターゲット**
・**販売方法**

既存のブランドの場合、すでに商品在庫があるので「商品」は変えられないケースが多い。となると、変えられるのは「ターゲット」と「販売方法」のどちらかになります。

ここでカギを握るのが「コンセプト」。**同じ商品でも光の当て方によって、別の商品に生まれ変わります**。

少々古い例ですが、朝専用缶コーヒーのWONDA（ワンダ）。

缶コーヒーという商品そのものは山ほど類似品があり、正直少しくらい味が変わっても、消費者はその違いにはほぼ気づきません。そういう意味では「商品」は変えられない。そこで、ワンダでは、「ターゲット」への光の当て方を変えて、仕事前のビジネスパーソンに絞りました。

当時の缶コーヒー市場では「甘い、苦い」「ミルクが多い、少ない」といった軸で考えられた商品が大半でしたが、ワンダは「朝」という時間軸を持ち込み、一気にブランドを築きました。

「コンセプト」を変えたことでヒットした事例をもうひとつ。

私の"通販ビジネスの師匠"は、ある女性用下着メーカーからこんな依頼を受けました。

「ブラジャーの材料が大量に余っているのでなんとかしてほしい」

　普通に考えたらキャミソールや他の下着をつくるという発想になりそうなものですが、師匠は、斜め上から切り口を変えてきました。

　まさかの「**メンズ専用ブラ**」。

　聞いた話では、もともと少数ながら普段から女性用ブラを着用する男性はいたそうです。ブラをしていると「落ち着く」のだとか。しかし、衣装としての男性用ブラはありましたが、下着メーカーがつくる普段使いのメンズブラは存在しませんでした。そんな隠れたニーズを掘り起こしたのです。

　一見、やぶれかぶれのように感じますが、ここまでぶっ飛んでいると、マスコミも放っておきません。案の定、メンズブラはバズりまくり、楽天市場で大ブレイクしました。結果、大量の在庫を消化したという伝説をつくりました。

　極端な例ではありますが、これも新しい切り口のコンセプトで光を当てる場所を変えただけです。「同じ商品でもまったく違う市場が生まれる」ことを示した好例といえます。

たった半年で3年間の売上を超える

　私自身もコンセプトの魔力を何度も実感してきました。

　私の会社では、アメカジのミリタリーファッションばかりつくっていた時期がありました。ある程度、売れてはいましたが、その分、男性向けのミリタリーファッションは競合も多く存在しました。

　そこで、ターゲットをレディスに変更しました。当時は女性向けのミリタリーはまだ珍しかったので、セレクトショップからの引き合いも増えました。同じアイテムでもターゲットを変えると

結果が違ってくることを実感しました。

　事例をもうひとつ。

　当社には、オーダーメイドスーツを販売する事業があります。現在のビジネスモデルは、完全に口コミだけでオーダーメイドスーツのデザインと仕立てを受けています。

　しかし、最初のターゲットやコンセプトは、下図（左）のとおりでした。

　初めてオーダースーツを仕立てる若者をターゲットにしたところ、そこそこ話題となり、売れてもいましたが、手間がかかるわりには薄利のビジネスモデルでした。そこで、下図（右）のように「コンセプト」を変えました。

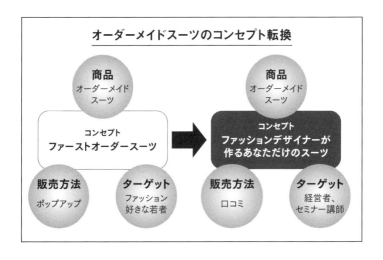

　当時、私は歌手で俳優の福山雅治さんのステージ衣装のデザインを担当していました。これをフックにして、経営者やセミナー講師が集まる場所でオーダースーツをプレゼンしていきました。つまり、ターゲットをお金に余裕がある層に変えたのです。

　お金持ちにとってオーダースーツは身近な存在ではありました

が、ほとんどが仕立屋によるもので、ファッションデザイナーが手がけるオーダースーツはほぼありませんでした。ファッション感度の高いお金持ちの人に、このコンセプトは好評を博しました。

しかし、お客様を一人ひとり採寸し、デザインするため、とても時間がかかりました。そこで、最初のオーダーを売り切ったあとは、紹介によるオーダーだけを受けることにしました。

すると、オーダーしたくても、オーダーできない……。希少性がどんどん膨らむ状況になり、しばらくすると口コミが起こりました。ファッション感度の高い経営者やセミナー講師がこぞってオーダーしてくれました。

もともとの単価は10万円でしたが、生地のレベルや仕立てのクオリティを上げたことで、単価は30万円以上になりました。その結果、**過去3年の売上額をわずか半年で上回ったのです。**

商品はいずれもオーダーメイドスーツです。採寸してお客様と相談しながらデザインを決める。私がやっていることは何も変わりません。

光の当て方を変えることで、まったく違うお客様がやってきたのです。

既存ブランドをリブランドするときは、「商品」「ターゲット」「販売方法」のうち、1つ変えるだけでも十分です。スーツの例では、結果的に「ターゲット」と「販売方法」の2つを変更していますが、2つ以上変えるとビジネスモデルが変わりすぎてコントロールできなくなる恐れもあります。

コンセプトメイクは 「現状把握」から始めよう

未来が透けて見えるメガネ

コンセプトの話をすると、決まってこんな質問を受けます。

「コンセプトが大切なことはわかりました。で、結局どこから始めればいいですか？」

ゼロからコンセプトを立ち上げようという人は、今、世の中や市場で起こっていることを把握するところから始めるといいでしょう。

現状がわかれば、将来、何が起こるのかが見通せるようになります。**現状を把握することは、「未来が透けて見えるメガネ」を手に入れるようなものです。**

新しい視点や切り口を見つけたり、世の中の変化を読んだりするためにも、現状把握から始めることが大切です。まずは今、世の中や市場で起こっていることをつかむところからスタートしましょう。

そのために、新聞や専門誌を読んだりすることも大事ですが、やはり効果的なのは「**人と話す**」ことです。

館（ファッションビルや百貨店などのデベロッパーを指す業界用語）のスタッフや関係者から情報を聞き出したり、ブランドの関係者と話したり、インフルエンサーに質問したりするなど、リアルな話を聞くことで、今、アパレル業界で起きていることがわかります。

ただし、気をつけたいことがあります。

「○○らしいよ」といった確定的ではない、うわさ話レベルの情報が耳に入る場合があります。この場合は、信用に足る情報なのか、確認する必要があります。話している本人が直接確認しているか。数値化されているか。そうした状況証拠を集めて確認していきます。

　ただ、数値が出ていたとしても鵜呑みにするのは禁物。以前、実際にあった話ですが、あるD2Cブランドが「初日の売上○千万円」という記事が新聞に載りました。

　「まじか！　そんなに売れたんだ」と純粋に驚き、もっとくわしい話を聞きたいと思った私は、たまたま知り合いだった、その新聞社の記者さんに確認の電話を入れました。

　すると、「数字は本当だけれど、実際は身内で買って水増ししていた」とのこと。

　「そんなの詐称だ！」と思うかもしれませんが、さまざまな業界で同じような販促手法が使われているのは事実です。たとえば、出版業界ではAmazonランキングや書店の店内ランキングをあげたりするために、身内が買い増しすることもあるそうです。完全なウソではないけれど、100％真実とも呼べない。微妙なところです。

　少し話はそれましたが、**中身を調べずに、表面的な情報や「らしい」レベルのうわさ話をそのまま信じるのは危険です**。実際に数字が証拠としてあがっていたとしても、「本当か？」と一度立ち止まって確認する習慣をつけることで、現状を把握する力がアップするはずです。

人間の行動を引き起こす2つの欲求

　現状を把握することに加えて、もうひとつ知っておくべき基本原則があります。

　ビジネスコンセプトは、大きく分けて2つの人間の心理的欲求から生まれます。

・快楽を求める
・苦痛を避けたい

　これは心理学者のフロイトが唱えた「快楽原則」と一緒で、不快を避け、快を求めようとする傾向が人間の心理を支配している、という考え方です。

　「自分はそんなに単純な人間ではない！」と反発する人もいるかもしれませんが、あなたが今日食べたものも、会社に行くのも、デートをするのも、すべて2つのどちらかの欲求によって行動しているはずです。

　快楽を満たすため美味しい食事を求める一方で、空腹という苦痛を避けるため食事をとる。自己実現という快楽を味わうために仕事に励む一方で、給料をもらわないと生活できないという苦痛（不安）から逃れるために出社する。男女の甘いひとときという快楽のためにデートをする一方で、現実の不満を解消するために新しい出会いを求めたりする。

　極端なことをいえば、人間の行動のほとんどはすべてどちらかの欲求にもとづいているのです。

　これを前提とすると、**ビジネスコンセプトも、2つのうちのどちらかの欲求を満たす必要があります**。

「苦痛を避ける」からスタートする

　では、「快楽」と「苦痛」、どちらのビジネスがおすすめかと尋ねられたら、私は「断然、苦痛を避けるようなビジネス」と答えます。

　なぜなら、**「快楽を求める」パワーよりも、「苦痛を避ける」パワーのほうが強いからです**。

　アパレル業界に携わるあなたは、自他ともに認めるオシャレさんかもしれません。しかし、思い出してみてください。初めて洋服を買いにオシャレなショップへ出かけたときのことを。

オシャレになったら「モテる」「イケてる人になれる」といった前向きな感情に突き動かされてお店に足を運んだ人もいるでしょうが、多くの人は「ダサいと思われたくない……」「カッコ悪く見られたくない……」というように、「苦痛」の感情から逃れたくて服を選んでいたのではないでしょうか。少なくとも私はそうでした。

歯医者もそうです。あなたが最後に歯医者へ行ったのは、ホワイトニングなどの美容のためですか？　それとも虫歯が痛かったから？

多くの人はキレイになるという快楽よりも、歯が痛いという苦痛から逃れるために歯医者へ行きます。

「苦痛を避ける」ためのパワーはとても強いので、歯科業界では「予防は売れない」ともいわれています。歯医者を経営するなら、今すぐ「痛み」から逃れたいという緊急性の高い患者さんがやってくる治療歯科が理にかなっています。

コンセプトをつくるときも、「苦痛を避けたい」という人間の欲求をスタートラインにすると、人々が求めるようなブランドコンセプトを生み出すことができます。

「苦痛を避ける」からコンセプトを考えるときのキーワードは「<u>不</u>」です。

苦痛には、「不」がつきものです。不満、不安、不信、不足、不便、不備、不都合、不条理……などは、いずれも苦痛を伴います。

「世の中の『不』を解決する」

ビジネスで成功する秘訣は結局、**世の中の「不」、つまり苦痛をどうやって解決するか**、ということに行き着きます。「不」を取り除くような商品やサービスを生み出せば、そのビジネスは価値あるものとして評価されます。

新しいトレンドは「不」から生まれる

「では、今の『不』はなんですか？」と聞きたくなるかもしれません。が、時代によっても、市場によっても「不」の形はさまざまです。結局は自分たちで「不」を探して、それを解決するようなコンセプトをつくらなければなりません。

ただ、ひとつだけ強調できることがあります。それは**「新しいカルチャーやトレンドは『不』があるから生まれる」**ということです。

ファッションビジネスでは、反対のカルチャー、いわゆる「カウンターカルチャー」が出現したときにこそ、大きなチャンスがやってきます。

文化には、メインストリーム（本流）に対して、オルタナティブな「新流」が必ず生まれます。初めは小さなオルタナティブがメインストリームになり、また新しいオルタナティブが生まれてくる。

ファッションでは、カウンターカルチャーと呼ぶよりも、「トレンド」といったほうが馴染みがあるかもしれません。あるトレンドがドカンとやってきて、いずれ廃れていく。また新しいトレンドがやってきて、また廃れていく。この繰り返しです。

しかも、**そのトレンドは一定のところまで到達すると、また必ず戻ってきます。**

「振り子」を想像してみてください。ある一定のラインまで「不」がたまり、臨界点を超えると、一気に新たなトレンドが動き始めます。

しかし、戻ってくるときは、ただ元の場所に戻ってくるわけではありません。**必ず進歩・発展した状態で戻ってきます。**

万物には時間の流れとともに揺り戻しがあり、戻ってきたら必ずステージがひとつ進歩している。これはたまたまではなく、地球上の法則だといいます。

ファッションの場合、あるスタイルがメインストリームになるにつれて、「みんなと一緒はイヤだ！」という「不満」が膨らんでいきます。「不満」が最大限に達したときに、新しいムーブメントが解決方法として生まれてくるのです。

　ただし、**そのムーブメントはまったく新しいものではなくて、前のスタイルをどこか継承しています**。

　これを意識して世の中を見ていると、未来が透けて見えてきます。その未来像の中にコンセプトのタネが眠っています。P2Cブランドで成功したいのであれば、この原則は頭に入れておいて損はないでしょう。

P2Cブランドでなければ 生き残れない3つの理由

コムデギャルソン「黒の衝撃」

　本書では、これからのアパレル業界においては、人を起点にしたP2Cブランドでなければ生き残れない、という話をしてきました。

　決して根拠なく主張しているわけではありません。「不」の解消からトレンドが生まれるという観点からも、現在のアパレル業界の状況やトレンドを説明することができます。

　なぜ、P2Cブランドでないと生き残れないのか。その理由も、次の3つの観点から紐解くことができます。

①カウンターカルチャー
②「不」の解消
③振り子的発展

　40年前の東京まで時間を戻しましょう。

　1982年、川久保玲さんがデザイナーを務めるコムデギャルソンが、パリコレでゆったりとしたシルエット、そして穴をあけた黒いニットを発表しました。「黒の衝撃」と呼ばれる、ファッション業界でエポックメイキングとなる出来事でした。

　当時、ファッションとは高級品でなければならない。華やかでカラフルでなければならない。フェミニンさを感じるものでなければならない。白人中心でなければならない。このような「なければならない」の塊を美しいと評価しなければならない、という風潮が支配していました。

　しかし、水面下ではそれに対する「不満」が渦巻いていました。

そうした不満をすくい上げてランウェイショーで表現したのが、コムデギャルソンの「黒の衝撃」でした。

コムデギャルソンの服は、黒一色で、ボディラインがわからない、ゆったりとしたシルエット。キラキラとした高級生地でもない。それまでのラグジュアリーな服の歴史を黒の布で覆うかのようでした。

「黒の衝撃」はそれまでのラグジュアリーファッションに対する、言葉にならない鬱積した「不満」を解消したのです。

はじめは、「とんでもないオルタナティブなカルチャーが出てきた！」と、パリをはじめ世界のメディアから非難を浴びました。

しかし、またたく間に世界中が黒のモードスタイルを追いかけ始めました。オルタナティブなトレンドが、メインストリームの歴史を塗り替えていきました。**「不の解消」によって世界レベルでトレンドが変わっていったのです**。

コムデギャルソンやヨウジヤマモトを筆頭に黒をベースにしたモードスタイルは、東京でも大きな時代のトレンドとなっていきました。

それから1980年代に、日本にはDCブランドブームがやってきました。DCブランドは、日本のアパレルメーカーによる高級ファッションブランドの総称です。パルコや原宿のラフォーレが隆盛をきわめた時代です。

とりあえずパルコやラフォーレなどのファッションビルで服を買っていたらカッコいい。マルイの赤いカードで借金して高い服を買うのがイケている。そんな空気が漂っていました。

今では考えられませんが、マルイで若者が初めてのクレジットカードをつくり、何十万円も借金をしている状態は、決して常識外れではありませんでした。

そのうち、ファッションビルは東京だけではなく、日本全国の都市部にも広がっていきます。それが何年も続くと、市場はDCブランドだらけになり、"黒い服"は飽和状態になっていきました。

ファッションは飽和状態になり、"制服化"していくと、個性が失われ、市場もオーバーストア（店舗過剰）になります。すると、1980年代後半には、若者たちの間でDCブランドは退屈という「不満」がくすぶり始めました。

「モード」から対極の「カジュアル」へ

そして、1990年代中頃に現れたのが「渋カジファッション」です。リーバイス501XXのデニム、ポロ・ラルフローレンの紺ジャケ、ポロの刺繍が入ったボタンダウンシャツ、足元にはレッドウィングのシューズ……が定番の着こなし。

ファッションのベースは1960年から1970年代にトレンドだったアイビールック。そこに、DCファッションのカウンターとして現れた「カジュアルさ」がミックスされました。

パリを意識したDCファッションから、対極のロサンゼルスを意識したカジュアルにトレンドが移っていったのです。

その結果、制服化した退屈な「モード」スタイルは爽やかなデニムカジュアルに侵食されていきました。アメリカをベースとしながらも、渋カジは爽やかさを合わせもち、独自の進化を遂げていきました。

こうしたトレンドから急成長したのが「BEAMS（ビームス）」や「SHIPS（シップス）」などのセレクトショップです。

カジュアルでちょっと"チャラついた"流れが最高潮に達したとき、渋谷には、雑誌『JJ』から生まれたアムラーやコンサバな女子があふれていました。団塊ジュニア世代（1971-1974年生まれ）が渋カジトレンドの主役でした。

いつの時代も、ファッションは着る人の目的を叶える手段のひとつです。この時代は男女が互いに意識し合い、その興味は「モテ」に向いていました。

渋カジは、ひとりでファッションを楽しむ傾向のあったDCファッション時代の孤独という「不安」を解消し、対極にあるつな

がりを求めていったのです。

裏原ブランドと若者の熱狂

　バブル崩壊後、日本経済が傾き始め、就職氷河期といわれる時代に突入すると、「裏原ファッション」が登場しました。
　裏原ファッションの特徴は、大きく3つありました。

　1つめは、**興味の対象が異性ではなかったこと**。渋カジ時代のようなモテではなく、音楽やスケート、ニューヨークのストリートカルチャーなど、自己の内面に興味が向かっていました。

　2つめは、**立地**です。
　DCファッションや渋カジは、渋谷や新宿などに立地していたパルコやマルイ、原宿のど真ん中にあるラフォーレなど、人通りの多い繁華街がメインストリームでした。
　しかし、「誰でもわかる」「みんなと一緒」というメインストリームに対し、不満がたまっていきました。
　そのカウンターとして、原宿のプロペラ通りに隠れ家のようなショップが続々と出現しました。地図を見てもなかなかたどり着けない、2階や地下に構えた店舗。若者は雑誌を握りしめ、地図の中にある小さなショップを血眼になって探しました。

　3つめは、**独自のスタイル**です。
　具体的には、ロンドンのパンクスタイルとニューヨーク・ブロンクスのヒップホップをミックスしていました。音楽はパンクもあれば、ヒップホップ、レゲエもありました。ビースティ・ボーイズなどのミクスチャースタイルもこのとき生まれました。
　渋カジでもそうですが、東京のスタイルはヨーロッパとアメリカをミックスするのが上手でした。絶妙なバランス感覚からつくる独自の文化は世界でもトップクラスだと思います。

　ヨーロッパはパリではなくロンドン、アメリカもロサンゼルスではなくニューヨーク。単純に戻るのではなく、「らせん的」に揺り戻しながら、独自に解釈した新しいスタイルでした。

　「GOODENOUGH」「A BATHING APE」「UNDERCOVER」などを取り扱うセレクトショップ「NOWHERE」は、週末になると、プロペラ通りの入口まで若者の大行列ができたほどです。

　「ここでしか手に入らない」「限られた情報しかない」「アンダーグラウンドな雰囲気」……そんな裏原ブランドに若者たちは熱狂したのです。

マウジーの登場と裏原ブームの終焉

　その後、裏原ブランドは、全国の都市にフランチャイズストア化されていきました。原宿を意識したストリートが全国各地に誕生した時代です。

　1990年代中頃にはまたたく間に、裏原ブランドは一大トレンドに育っていきました。原宿の路地裏からスタートした裏原ブランドがついに、"メインストリート"になったのです。

　一方、その頃の渋谷では、109が隆盛をきわめていました。

　1990年代にアムラーファッションの立役者だった「EGOIST」に取って代わり、スキニーデニムにヒール、肩にはN-3B（もともとはアメリカ空軍で着用されていたフライトジャケット）を羽織ったギャルが一世を風靡していたのです。

　現在、ドメスティックブランドで最大のインスタフォロワー数を誇る「MOUSSY（マウジー）」が登場したのもこの頃です。

　渋谷にはミリタリーファッションをミックスしたコーデのギャルであふれかえりました。

　ピタピタのデニムで華奢なボディラインを強調し、大きなファーの付いたミリタリーコートを身にまとっている。初めて渋谷に遊びに来た外国人の目には、異様な光景に映ったことでしょう。

　ひとつのリアル店舗で1カ月に1億円売るほどの人気で、「5秒

に1本デニムを売る」と話題になりました。

1990年代の影響を引きずり、ギャルたちは「モテ」のためのファッションを選んでいましたが、そのカウンターとして「マウジー」は自分のスタイルを貫くことを猛烈にプッシュしました。**渋カジ時代から続いていた「モテ目的」のファッションに大きなカウンターとなるトレンドがやってきたのです。**

キーワードは、**「不自由」の解消**です。異性という他人の目に縛られてきたギャルたちは、「マウジー」によって、モテの呪縛から自由になったのです。

このトレンドの変化は、裏原ファッションとほぼ同じ時期に起きました。男も女も「モテ」第一から、自分のスタイルを追求し始めたのは、決して偶然ではなかったはずです。

スキニースタイルへの揺り戻し

2000年代に入るとメンズモードファッションには世界的なカウンターがやってきました。フランスのデザイナーであるエディ・スリマンが手がけた「ディオール・オム」の登場です。

それまでのストリートのメンズのシルエットはワイド＆ルーズ。それが、こぞって真逆のガリガリのスキニースタイルにチェンジしたのです。

1980年代のパンクブームや1990年代のDCブームにもスキニーパンツはありました。しかし、2000年代に再びスキニースタイルが脚光を浴びるように。**何かが進化して揺り戻しがくる、まさにらせん状の「振り子的発展」がここでも起きたのです。**

エディ・スリマンが打ち出したスキニースタイルは、過去のデニムパンツよりも、さらにピタッとしたシルエット。病弱で不健康そうでナイーブなロックスタイルに全世界の若者たちは熱狂しました。

結果、2002年以降の東京ブランドの多くは、スキニーシルエットが定番となりました。

　実は、スキニーデニムの大ブームの背景には、日本製デニムの技術力がありました。ストレッチ機能がありながら、ヴィンテージのような表情が出る日本製デニム。世界のラグジュアリーブランドが、日本製デニムのクオリティに惚れ込み、日本製が世界に通用することを証明した時代でもありました。

　タイトなスキニーシルエットは、ストレッチ機能により動きやすさが加わり、進化を遂げたのです。

　その後、日本製デニムを看板商品としたドメスティックブランド（以後、ドメブラ）が乱立しました。同時に、ルーズ＆ワイドシルエットの裏原ブランドは息を潜めていきました。皮肉なことに、日本での裏原ブームの終焉は、日本製デニムのテクノロジーが後押しする結果になりました。

ネット通販とセレクトショップの盛り上がり

　この頃、ドメブラを早速買いつけて、大成功したのが「ビームス」や「UNITED ARROWS（ユナイテッド・アローズ）」でした。

　このタイミングで、ファッションの主戦場は、ルミネをはじめとする駅ビルに移ることになりました。駅ビルは雨の日でも濡れることなく、会社帰りのわずかな時間にも立ち寄れます。これによって、お客様の足は路面店から遠のいていきました。

　週末中心だった路面店のお客様は、平日から気軽に立ち寄れる駅ビルに流れていきました。日本最大の利用者数を誇る新宿駅に直結したユナイテッド・アローズは絶好の立地を最大限に活用しました。

　この頃は、ディオール・オムのシルエットに影響を受けたメンズブランドがひしめきました。しかし、そんなブランドの立場は厳しいものでした。その原因は、ファッション通販サイトZOZOTOWNの「ZOZO navi」にありました。

　「自分の地域にあるファッションブランドを探せる」という触れ込みでスタートした「ZOZO navi」の存在によって、グーグル

におけるブランドの指名検索の上位表示をZOZOに奪われてしまったのです（ZOZO naviはすでに終了）。

それまでブランド名にPPC広告（表示された広告が1回クリックされるごとに料金が確定する広告）をかけていた地方卸先店舗が軒並み売上を落とし始めました。**地方店舗が広告をかけて集めていたお客様を、後発のZOZOがみるみるうちに奪っていったのです。**

このような状況でも大きく買い付けができていたのは百貨店やセレクトショップ。立地がよいので、インバウンドも含めた集客力が違います。

結局、ドメブラの売上は、大手の百貨店やセレクトショップが大半を占め、地方卸先はどんどん弱体化していきました。

そうして卸先の受注金額が大手に集中し始めると、徐々にパワーバランスが崩れていきます。買い手が力をもち、"王様"になると、買い手は他の店舗と違いを出すためにエクスクルーシブ（独占的）な企画を欲しがります。いわゆる「別注」です。

たとえば、百貨店やセレクトショップのバイヤーが、「赤色がほしい」と別注してきたら、本来、赤はブランドのイメージとは違うのに赤色のアイテムを揃えなければならない。ブランドは自分たちのコレクションラインよりも、卸先の別注の商品を仕込むことに忙しくなりました。

厳しい言い方をすれば、ブランドは大手セレクトショップと百貨店の言いなりになっていきました。

その間、ネット通販では、ZOZOが毎年30〜100億円ずつ売上を拡大していきました。

お客様の視点から言えば、駅ビルとZOZOのおかげで、立地の「不便」は物理的に解消されました。しかし、その一方で、ドメブラの存在をさらに窮地に追い込む事件が起きました。

それまで大口の取引先のひとつだったZOZOが買取仕入れを急遽終了したのです。つまり、小さなブランドは、委託販売で在庫を抱えながら戦うか、ZOZOから撤退するか、どちらかを選ぶ必

要に迫られたのです。

　2015 ～ 2016年頃には、ZOZOでの取り扱い商品は、セレクトショップ「Nano Universe（ナノ・ユニバース）」などの価格戦略によって、一気に低単価路線に舵を切りました。絶大な集客力に対し、低単価商品は相性が抜群で、その3年後の2017年にはZOZOの売上は1000億円を超えました。

　しかし、ZOZOの拡大という業界の流れは、ドメブラの歴史上、最も厳しい状況へと追い込みました。**裏原ブーム時代に数え切れないほどあったブランドの多くは、この時期に淘汰されていったのです**。

現代のトレンドは「ブランド復活」

　長い間、暗黒の時代だったブランドに救世主が現れました。

　インスタグラムの登場です。

　インスタグラムの流行とともに、D2CおよびP2Cのビジネスモデルが可能になり、小さなブランドが続々と登場するようになりました。

　昔は雑誌などのメディアが特集を組んでくれないと売れませんでしたが、D2CおよびP2CブランドはインスタなどSNSメディアを武器に直接お客様に商品を売っていきます。いわゆる「インスタブランド」が登場し、従来のアパレルの売り方ががらりと変わりました。

　長い間、虐げられてきたブランドの逆襲が始まったのです。**大手セレクトショップや百貨店の言いなりにならざるを得なかった現状への「不満」が、「ブランドが直接、お客様に売る」という今の新しいトレンドをつくり出しています**。

　お客様の立場からいえば、インスタグラムなどのSNSを通じて服を購入できるようになったことは、ネット通販とセレクトショップ隆盛の時代、MD（マーチャンダイジング）主導による、売れ線デザインの画一化から起こる、個性の喪失という「不」を解

消することになりました。

　お客様がブランドを認知するプロセスが、「雑誌で見た」から「インスタで見た」に変わり、リアル店舗がブランドに出店をお願いする時代になりました。

　昔は小さなブランドが百貨店に「取引してください」ともち込んでも、門前払いされるのが当たり前でしたが、今では人気のインスタブランドには百貨店から「ぜひうちでポップアップストアを出店してください」とオファーが来る時代です。**これから世に出たいというクリエイターは、このチャンスを逃す手はありません**。

「トレンド」より「キャラクター」を評価

　クリエイターは、自分たちが「カッコいい」「かわいい」と信じるブランドを世に出せるようになりました。

　従来のファッショントレンドも、以前ほどの影響力をもっていません。ある意味、ファッション業界はトレンドが見えるから発展してきた、ともいえます。

　たとえば、流行色。もともとインターカラー（国際流行色委員会）という国際間で流行色を選定する機関が「2年後の流行色はこれ」と決めて、それを踏まえてデザイナーはパリコレなどのショーで発表する服をつくり、生地メーカーも流行色を踏まえて生地を用意していました。そして、ファッションショーを見たジャーナリストやバイヤーが「こんなトレンドが来ている」と周知していく。そうしてファッション業界をあげてトレンドはつくられてきたのです。

　ところが、これらの影響力は小さくなっています。たとえば、ファッションショーの翌月には中国では最新の色やデザインを取り入れたサンプルが出まわり、高速回転で市場に投入していきます。ファッション業界が2年前から仕込んできたトレンドが、数カ月で先取りされ、消費されていく事態が起こっています。

　インスタブランドの登場も、ファッション業界の仕込んだトレンドにとらわれない流れをつくり出しています。**インスタブランドはトレンドよりも、キャラクターや"らしさ"が評価されるようになっています**。海外で流行っているから日本でも流行るだろうという常識は崩れつつあります。

クリエイターにとってはチャンス到来

　本来、ファッションの魅力はブランドの多様性にあります。カッコいいクリエイターから、奇抜すぎて理解に苦しむようなクリエイターまで、バラエティに富んだ才能がしのぎを削る世界こそ、本来のファッションブランドのあり方だと思っています。

　セレクトショップや百貨店のフィルター、つまりB2Bの枠を通すと、どうしても個性や多様性は失われてしまう。無難で似たような服が世の中にあふれていきます。

　P2Cをビジネスモデルとするインスタブランドは、デザイナーやクリエイターに人脈がなくてもブランドを立ち上げられます。規模は小さくても利益が出るので、新しいことにもチャレンジできます。そうした環境があるからこそ、斬新な発想をするクリエイターが生まれて、世界へ羽ばたいていく人材も出てくる。

　ストリートブランドが一世を風靡した時代に"カリスマ"として君臨していたNIGOさんが、2022年に「KENZO（ケンゾー）」のアーティスティックディレクターに就任したというニュースは、まさに歴史的な出来事でした。日本人がパリコレのトップメゾンのデザイナーとして召集されること自体大変なことで、日本のストリートブランド出身の人が世界で活躍していることは感慨深いものがあります。

　NIGOさんのように世界で活躍できるクリエイターは、今のように多様な才能が活躍できるような環境から生まれるのではないでしょうか。

P2Cブランドであれば、インフルエンサーとウェブ店長、生産管理やお金を管理する人など、3人くらいの少人数でもファッションブランドを運営できます。2〜3人のメンバーなら月200〜300万円の売上があれば、ブランドを続けることができます。

　売れる「定番品」を生むまでは苦しいけれど、ひとたびヒット商品が出て定番になれば、資金繰りもラクになりますし、ブランドのキャラクターも確立できます。

　商品が当たる確率は、「千三つ」まで低くないですが、「百三つ」くらい。それまでは大変ですが、ひと昔前に比べて今は多くのクリエイターにチャンスがあります。

　現在のようにP2Cブランドが勢いを増しているのは、ファッション業界がトレンドの揺り戻しやらせん状に振り子的発展を何度も繰り返してきた結果でもあります。

　「不」の解消からトレンドが生まれるという観点から見ると、現在のファッション業界を取り巻く状況が見えてきます。今の時代にP2Cブランドを立ち上げ、育てようと思うなら、こうしたトレンドを理解したうえでコンセプトを練ることが重要です。

　なお、第7章ではSDGsなどの今日的なテーマを踏まえて、これからのブランドビジネスのトレンドを考察しています。そちらも合わせて読むことで、コンセプトメイキングの参考になるはずです。

第 4 章

Influencer

ブランドの影響力を
左右するキーマン

インフルエンサーは
ブランドの語り部

ストーリーテラーとしてのスティーブ・ジョブズ

　P2Cブランドで成功するには、「インフルエンサーの認知的信用」と「製品的信用」という2つの「T」と、それらの接着剤となる「ストーリー」が必要です。これらの3要素が揃ったとき、初めてP2Cブランドは輝きを放ちます。

　ファッションブランドは、もちろん製品の品質やビジュアルも大切ですが、それ以上に大事なのは、**ブランドのストーリーや世界観を「誰が」「どこで」「どうやって」伝えるかです。**

　本章では、ストーリーを伝えるという重要な役割を担うインフルエンサーについて深掘りしていきます。

　P2Cブランドのストーリーや世界観は、「誰が」伝えるか。まずはここから考えてみましょう。

　古代の日本において、文字による記録が発達していなかった時代から、大切な歴史や物事はすべて語り部によって伝えられてきました。文字による記録が発達してからも王権や宮廷の儀式などは書面だけではなく、人と人の言葉によっても伝えられたといわれています。

　これは現代のビジネスの世界においても同じです。たとえば、Appleが新製品の発表を行う際はプレスリリースの書面を各社に伝達するだけでなく、必ずスティーブ・ジョブズやティム・クックが直接自分の言葉と体を使って製品やコンセプト、そしてストーリーについて語ります。

　歴史が変わるとき、王権が変わるとき、ビジネスの大きな潮目が変わるときには、必ずと言っていいほど「語り部」が登場して

きました。

　この大きな役割を担う現代の「語り部」こそがインフルエンサーです。一人でも多くの人に深くフックをかけ、共感してもらえるストーリーを伝え、心を動かし、行動につなげる「語り部」こそが優秀なインフルエンサーといえます。

　P2Cブランドには、「語り部」となるインフルエンサーが必要になります。ブランドのコンセプトを物語として語り、お客様に伝える役割です。

　「語り部はインフルエンサーの仕事」と聞くと、こんな愚痴をこぼす人がいます。

「ということは、影響力のある有名人とコラボできないとダメじゃん！　うちにはそんな人もお金もありません！」

　強力なインフルエンサーと組めれば、それほどありがたい話はありませんが、そうとは限らないのが、P2Cブランドの面白さでもあります。

　ブランドのメンバーではない第三者がブランドアンバサダーとして、そのブランドを啓蒙するケースもあります。ブランドのデザイナーやディレクターがインフルエンサーでなくても、**ブランドのターゲットとなるお客様に影響力をもつインフルエンサーとジョイントできれば、その人に「語り部」の役割を託すことができます**。第2章で紹介したCHIKAKOさんの例は、まさにその典型です。

「距離感の近い人」が口コミを広げる

　ブランドの「語り部」となるのは、有名人など特別な存在とは限りません。

　重要なのは、**口コミを起こせるかどうか**です。P2Cブランドを大きく育てるためには、口コミの力が必要になります。

　そもそもSNSとは、ITを使った巨大な「口コミ」の装置です。

ネット上の口コミの力こそ、現代のファッションブランドにとって最大の武器になります。

口コミを制した者がP2Cブランドで成功するのです。

当たり前に思うかもしれませんが、人は他人の影響を受けて行動します。

あなたも誰かのインスタの投稿を見て、商品を買ったり、レストランへ行ったりしたことがあるでしょう。ある調査によると、7割以上の人がSNSの投稿を見て、「商品を購入したことがある」「行動したことがある」と答えたそうです。

口コミのポイントは、<u>「誰が情報を発信するか」</u>という点にあります。

たとえば、スニーカーを売りたくてしかたがない私自身が、「このスニーカーはメッチャいいから、買わなきゃ絶対損だよ！」と売り込んだらどうでしょう。「売りたいから必死でアピールしているんだろうな」と思われるだけで、まったくお客様目線ではありません。

しかし、実際にスニーカーを購入したお客様がSNSのフィードにこう書き込んでいたらどうでしょう。

「このスニーカーは軽くて履き心地が最高なんですよ。私は2足買っちゃいました」

このような第三者のフィードのほうが、私自身が売り込むより、はるかに影響力があるはずです。

第三者でも、特に影響力をもっているのは、**「身近な存在」**です。

たとえば、職場の同僚、大学の先輩、古くからの友達、同じジムのメンバーなど、いわゆる"普通の人"たち。あなたも身近な人や友達のインスタで投稿されていた飲食店をブックマークしたり、自分も足を運んだりすることがあるのではないでしょうか。

もちろん、有名人など社会的に影響力がある人がすすめている

ものに影響を受けて行動することもよくありますが、SNS時代の今は、案外、身近にいる人が紹介しているものに影響を受けることが多いのです。

　当然の話ですが、同じ商品でも、まったく知らない誰かがブログなどでおすすめするよりも、**直接知らなくてもインスタでフォローしている"距離感の近い人"がおすすめするほうがはるかに影響力はあります**。しかも、自分が一目置いているようなインフルエンサーだったら、その影響はさらに大きくなります。

　以上を踏まえて影響力のある順に並べると、こうなります。

　　自社　→　第三者　→　知り合い

　したがって、インフルエンサーは、どちらかというと身近な存在のほうが好ましい。口コミを起こすなら、インフルエンサーになる人は手の届かないような「特別な存在」ではなく、**「この人が紹介するならほしい」と感じさせるような親近感が必要なのです**。

お客様は「感情」で動く

　商品を買っているお客様は人間です。あなたもそうであるように、**人間だから「感情」で行動します**。たとえば、うれしいことがあれば自分へのご褒美に高い買い物をし、悲しいことがあれば家の中でふさぎこむこともある。

　もし、あなたのお客様がAI（人工知能）だったら、きっと安くて丈夫で、トレンド感のあるものを"セールのタイミング"で買うことでしょう。それが、最も合理的で賢い買い物だからです。

　しかし、人の感情はそう単純ではありません。機能や特徴、価格だけで商品が売れるなら、みんな全身ユニクロの商品でコーディネートしてもおかしくないはずですが、そうはなりません。

　人は、ブランドのもつストーリーに心を揺さぶられます。「最

低限の機能が満たされていて価格が安ければいい」という人もいれば、「身につけるものにはこだわりたい」という人もいます。

　たとえば、iPhoneをはじめアップルの製品が圧倒的な支持を集めるのは、アップル製品の唯一無二のデザイン性や創業者のスティーブ・ジョブズが紡いできたブランドのストーリーが魅力的に映るからです。ほぼ同じ機能を備えた他社のスマホの何倍もの価格なのに売れるのは、**ブランドの背景にあるストーリーに感情を動かされるからです**。

　また、自己啓発本を読むと、その多くは突き詰めれば同じような内容が書かれています。それでも売れるのは、著者のもつストーリーや人としてのあり方がそれぞれ異なるからです。

キャラクターや情熱が心を動かす

　人間であるお客様は、「感情」が動いた結果、購買行動を起こします。商品の違いを打ち出すのが難しい今の世の中で、最も違いを出せるのは人の感情を動かすことができる存在です。

　ひと昔前まではファッションショーやファッション誌がその役割を果たしていました。

　たとえば、「あの人気デザイナーがフェンディからグッチに移籍して新しい世界観を打ち出した」といったストーリーに感情を動かされていました。

　しかし、SNS時代になってインフルエンサーが出現すると、身近なパーソナリティやキャラクター、趣味に対する情熱や人としてのあり方など、その世界観に胸を打たれるようになりました。

　そんなインフルエンサーが商品のストーリーを語ることによって、お客様の感情は動くのです。

　人は他人からの影響を受けて行動します。「いや、おれは誰の影響も受けずに生きている！」と主張する人もいるかもしれませんが、私の文章を読み、ツッコミを入れている時点で影響を受けて、感情を動かされた証拠といえます。

　人の感情を動かし、行動を起こさせる。それができるインフル
エンサーがP2Cブランドには必要なのです。

アパレルブランドを立ち上げた高校生

　加藤路瑛さんは当時15歳の高校生でありながら、アパレルブ
ランドを立ち上げました。感覚過敏という症状を患っていた彼は、
服の縫い目やタグが痛くて、服が重く感じられるという感覚に苦
しんでいました。そして、自らの経験を踏まえて肌にやさしい着
心地のパーカーをつくることを決意し、クラウドファンディング
で資金を募りました。

　「『縫い目が痛い』『タグが痛い』など、感覚過敏で服選びに困
っている人に不快感のない、着心地のいい衣服を展開するアパレ
ルブランドを立ち上げたい」と訴え、クラウドファンディングで
430万円もの資金を調達、その思いを実現させました。

　加藤さん自身は決してメガインフルエンサーのような強大な影
響力をもっていたわけではありません。それでも結果を出せたの
は、**ストーリーテラーとしての力をもっていたからです。**

　加藤さん自身のインフルエンサーとしての発信力と、感覚過
敏の人の悩みを解決するプロダクト。さらにその2つをつなぐ、
「自分と同じように感覚過敏で、着る服に悩む人の問題を解決し
たい」というストーリー。

　それらに共感した大勢の人による口コミがサポートとなり、マ
イクロクラス、ナノクラスのインフルエンサーでも大きな成果を
成し遂げることができたのです。

インフルエンサーが
熱狂的な「ファン」をつくる

「打ち出す」のではなく「巻き込む」

　ストーリーテラーであるインフルエンサーが伝えるのは、従来のファッションブランドが発信してきた情報とは異なります。

　従来のファッションブランドと今のファッションブランドでは、発信する情報もそれを伝える手法も大きく変わりました。

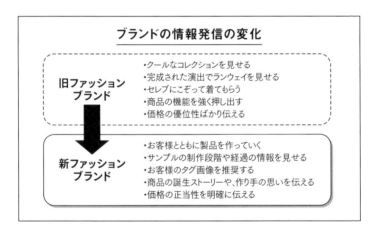

ブランドの情報発信の変化

旧ファッションブランド
・クールなコレクションを見せる
・完成された演出でランウェイを見せる
・セレブにこぞって着てもらう
・商品の機能を強く押し出す
・価格の優位性ばかり伝える

新ファッションブランド
・お客様とともに製品を作っていく
・サンプルの制作段階や経過の情報を見せる
・お客様のタグ画像を推奨する
・商品の誕生ストーリーや、作り手の思いを伝える
・価格の正当性を明確に伝える

　従来のファッションブランドが得意としてきたプッシュ型で情報を打ち出す手法は、今の時代とズレが生じ始めています。

　昔はショーや雑誌に登場するモデルやセレブのように、手の届かない遠い存在が憧れの対象でしたが、今は**親近感を覚える存在に共感するお客様が増えています**。

　今の若者はECで服を買う前に、インスタグラムのメンション機能で他人のコーディネートや、「STAFF START（スタッフス

タート）」という店舗のスタッフの着こなしコーデが掲載された
サイトをチェックします。

　お客様にとって身近な存在であるユーザーや、ショップスタッ
フが、自分と同じでスタイルがあまりよくないにもかかわらず服
を着こなしているのを見て共感するのです。

　ファンになってもらいたいなら「親近感」をもってもらうこと
が大事です。したがって、ストーリーテラーは、ファッションブ
ランドがもつ世界観を一方的に「打ち出す」のではなく、**お客様
を「巻き込む」ような感覚で情報を発信する必要があります**。

お客様との「関係性」で売る

　もちろん、ファッションブランドなので、インフルエンサーのカ
リスマ性や、ブランド自体への憧れがまったくない状態では成立
しませんが、それよりも**お客様との関係性を大事にするのです**。

　たとえば、私も参画していたある女性向けブランドは、デザイ
ナーのカリスマ性でファンの支持を集めていました。一方で、お
客様とはECだけではなく、オフラインのイベントでも接点を増
やし、共感を獲得していました。

　従来のアパレルの受注会は、PR関係者や身内を中心に展開し
ていました。しかし、そのブランドの場合は、基本的にお客様と
のリレーションシップを深めるために行っていました。

　1年に4回ほど開催され、上位ランクのお客様が優先的に招待
されます。イベント会場では、一緒に写真を撮ったり、インスタ
映えするようなかわいいケータリングを食べたり、デザイナーや
スタッフと一緒にプライベートな話をしたりと、顧客の感情が動
くような仕掛けが散りばめられていました。

　もちろん、スタッフは商品の説明もしますが、従来の販売員の
ポジションではなく、あくまで顧客に共感するアドバイザー役に
徹していました。顧客はアドバイザーであるスタッフに、自分の
ライフスタイルや持っているアイテムについて相談する。それを

聞いたスタッフはお客様に共感し、その悩みを解決していく。そうしたやりとりを通じて、お客様はブランドを身近に感じ、「ファン」になっていきます。

　目に見えるデータや商品ではなく、目に見えない関係性を通じて「ファン」をつくることも大切なのです。

ブランドが「ファンコンテンツ化」している

　アパレルブランドは「ファンコンテンツ化」が進んでいます。

　ユニクロなど機能面ですぐれた服を買うお客様がいる一方で、「ブランドのファンだから」という理由で購入するお客様が増える傾向にあります。

　その背景には、**ブランドのストーリーを語るインフルエンサーの存在があるのは間違いありません。**

　マーケティングの世界には「コンテンツマーケティング」という専門用語があります。これは、ターゲットとなるユーザーに対して、価値のあるコンテンツを発信することでファンを増やし、最終的に商品・サービスの購入につなげる手法です。

　コンテンツマーケティングは、「ニーズを育成する」「顧客を教育する」といった言い回しをすることがあります。これは、有益な情報を与え続けることで、顧客の興味・関心を引き出すことを指します。

　第2章で紹介したインフルエンサーのCHIKAKOさんの例は、その典型でした。

　もともとオーストラリアでの飾らないライフスタイルを発信し続けていた彼女が、自然体で自分のこだわりを語ったり、コラボ商品の魅力についてインスタグラムで質問を返したり、ライブ配信でフォロワーとやり取りしたりした結果、多くの人が彼女のつくる商品を応援したいという気持ちにさせられました。それが1カ月で1000万円という売上につながったのです。

　しかも、これまでのアパレル業界の常識を覆し、「予約販売」という形態をとりました。在庫をもたないことでリスクを抑えるのが狙いだったのですが、これまでのファッション業界の常識では「数カ月後に商品が届く」という売り方は禁じ手でした。

　なぜなら、服は季節変動に弱い商品だからです。たとえば、夏に購入したTシャツが冬に届いても、お客様は困ります。

　ということは、CHIKAKOさんのファンは単なる機能としての服を買っているわけではなく、**「CHIKAKOさんが商品をつくったのなら応援したい」という一種のファン心理が購入動機になっている**と考えられます。

　最近のネットの世界ではライブの配信者に「投げ銭」をする文化が注目されていますが、「応援したい」「参加したい」という理由でお金を払うファンが少なくありません。

　これまでもアイドルの世界には、いわゆる"お布施"の感覚でCDを買うという現象はありましたが、ファッションの世界でも、こうしたファンコンテンツ化が進んでいます。**ファンコンテンツ化したブランドは、一時的ではなく中長期的な売上を獲得することができます**。

　SNSとストーリーテラーの存在が、ファンコンテンツ化というファッション業界の新しいトレンドを生み出したといえます。

　最適なストーリーテラーを得たブランドは大きく伸びる一方で、従来のように「いい服をつくっていれば、いつか日の目を見る」という発想のブランドは、厳しい戦いを強いられる状況になっているのです。

お客様はスマホの中に住んでいる

「テレビ」から「スマホ」へ

　ストーリーテラーは、ブランドのストーリーを「どこで(WHERE)」語るべきでしょうか。「どこで」は、「どのメディアで」と言い換えてもいいでしょう。

　すでに述べたように、今、メディアとして強い影響力をもっているのはインスタグラムに代表されるSNSです。

「インスタやっていません！　今からやらなきゃダメですか？」という質問は何度も聞かれていますが、**P2Cブランドを展開するならマスト**といっても過言ではありません。

　たとえインスタグラムのアカウントがなくても、フェイスブックやツイッター、ユーチューブ、TikTokなど情報発信するためのSNSは最低限必要となります。

　SNSなどを通じてインフルエンサーがメディアの主役になったのは、ここ最近の話です。

　その一方で、長らく圧倒的な影響力を誇っていたテレビCMは、一気に存在感を失いました。

　今から30年以上前、私が小学生だった頃、学校から帰宅した後のタイムスケジュールはテレビ番組中心に組まれていました。

　私の地元は新潟県だったのですが、日本中の小学生の平日はおおよそ次ページ図のようなタイムスケジュールで組まれていたのではないでしょうか。

　驚くのは、毎日これだけの時間をテレビに費やしていたことです。当時はリアルタイムで観るのが普通だったので、CMもよく見ていました。今でも記憶に残っているCMはたくさんあります。

子どものタイムスケジュールの変化

私(本間)の子どもの頃(30年前)		私(本間)の息子(現在小6)	
17:00	アニメ	17:00	帰宅
18:00	ニュース番組	18:00	パソコンでユーチューブ
18:45	藤子不二雄のアニメ	19:00	晩ごはん、たまにテレビ番組
19:00	晩ごはんで別のアニメ	20:00	パソコンでゲーム
20:00	バラエティ or クイズ番組	21:00	パソコンでユーチューブ
21:00	連続ドラマ	21:30	スマホでゲーム
22:00	就寝	22:00	就寝

　仮に1時間で10分間のCMを観ていたとすると、1日5時間のテレビ視聴時間のうち50分以上はCMを観ていたことになります。

　1日に約50分もCMを観ていたなんて……今となっては信じられません。

　現在は、観たいアニメやドラマがあれば、Netflixをはじめとするサブスク視聴でフォローすることができます。テレビ番組の多くはTVer（ティーバー）などの番組視聴サービスを利用してネット上で視聴できます。

　ユーチューブなどの動画サイトは、CMが出てきても、5秒だけ見てスキップの連打。HD録画であれば、テレビCMはスキップできます。CMを見る時間は限りなくゼロに近くなったのです。

　気がつけば、現代の私たちの生活においてテレビCMの影響力はとても小さくなっています。特に**テレビを観ない若い人を中心に、テレビCMの存在感は煙のごとく消え去りました。**

　状況は雑誌も同じです。ファッション誌は休刊や廃刊が相次ぎ、発行部数は大きく減少しました。その分、雑誌の広告も影響力を失いました。

現代人がスマホでしている3つのこと

　では、そんな時代に、ブランドはどうやって自社の製品を認知拡大させればよいのでしょうか。

　答えは、もうおわかりですね。**SNSのインフルエンサーに口コミを起こしてもらうのです**。

　実際、多くの人はテレビではなく、インターネットばかり見ています。

　2021年の総務省の調査データによると、「調査以来初めて、10～60代が平日にインターネットを使う時間の平均値が、平日にテレビを見る時間の平均を超えた」そうです。

　また、2020年の段階で、端末別のインターネット利用率は、「スマートフォン」（68.3％）が「パソコン」（50.4％）を17.9ポイントも上回っています（総務省「情報通信白書令和3年版」）。スマホがダントツの1位です。

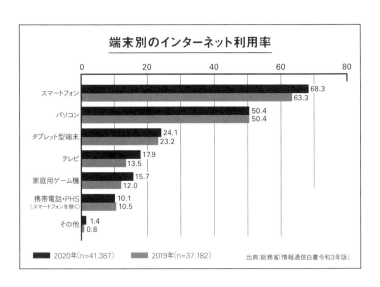

端末別のインターネット利用率

- スマートフォン: 68.3 / 63.3
- パソコン: 50.4 / 50.4
- タブレット型端末: 24.1 / 23.2
- テレビ: 17.9 / 13.5
- 家庭用ゲーム機: 15.7 / 12.0
- 携帯電話・PHS（スマートフォンを除く）: 10.1 / 10.5
- その他: 1.4 / 0.8

■ 2020年(n=41,387)　■ 2019年(n=37,182)

出典:総務省「情報通信白書令和3年版」

　では、スマホを使って何を見ているかというと、おもに次の3つだといわれています。

・**動画**
・**ゲーム**
・**SNS**

　あなたもスマホを触っているときは、この3つのうちどれかに時間を費やしていることが多いのではないでしょうか。

スマホの中のパラレルワールド

　2008年のiPhone3Gの発売以来、私たちがスマホを手にして久しいですが、人々はスマホの中の"パラレルワールド"に住むようになりました。人生の半分をリアルの世界ではない、スマホの中の世界で生きているともいえます。

　つまり、**現代の企業が一個人にリーチできる場所は「動画」「ゲーム」「SNS」の3つに絞られた**といっても過言ではありません。

　この3つの中でも、物販につなげやすく、比較的費用もかからないのは動画とSNSです。特にSNSの登場は、お金の稼ぎ方を大きく変えました。

　私がP2Cブランドをビジネスの主戦場とするきっかけとなったのは、ある20代前半の女性との出会いでした。

　当時、彼女は中国から買いつけた服を着用した写真をインスタに投稿し、自分のECサイトで販売していました。原価100円のキャミソールを900円くらいの価格で販売するというビジネスモデルで、なんと月に200万円ほども売り上げていました。当時、フォロワーは2～3万人程度でしたが、熱狂的なファンがついていたのです。

私は衝撃を受けました。海外から安く仕入れて高く売るというビジネスモデル自体は古典的な手法ですが、有名でもない若い女性がSNS上で紹介するだけで、これだけの売上をあげていたことに素直に驚きました。

　そして、彼女がデザイナー兼インフルエンサー、私がディレクターとして新しいファッションブランドを立ち上げることに。インスタで服を売る「インスタブランド」の走りとして注目され、原宿ラフォーレの1階に出店するほどのブランドへと成長しました。

　この経験を通じて、私はSNSの影響力の大きさを実感することになったのです。

あなたのお客様は
どこにいる？

売り方を変えた「裏原ブーム」

　ストーリーテラーは、ブランドのストーリーを「どこで（WHERE）」語るべきか。この「どこで（WHERE）」を理解するために、ファッション業界の歴史を少し振り返っておきましょう。

　20年前、私は裏原ファッションブランドの"ど真ん中"にいました。原宿のプロペラ通り周辺がまだ裏原と呼ばれる前の話です。

　当時、20代前半の若者たちがこぞってファッションブランドを立ち上げ、1〜2年の間に、3億円、5億円、10億円とあっという間にインディーズ・ブランド（大量生産を行わず、自分のつくりたいものをつくるデザイナーたちの小規模なブランド）を大きくしていきました。

　世に言う「裏原バブル」でした。裏原ブランドはそれまで主流だったDCブランドとは何が違ったのか？

　なお、DCブランドとは、1980年代の日本で大流行した個性的なデザインのブランド群のことを指します。

　裏原ブランドは、服のつくり方も、売るための仕掛けも、そして主流となった「メディア＝どこで（WHERE）」も大きく違いました。

　DCブランドの勢いが落ちてきた頃、突如、裏原宿を中心にインディーズ・ブランドが現れたのです。

　服のつくり方は、ニューヨークからやってきたブランド「シュプリーム」を独自に解釈したストリートスタイル。デザイン学校を卒業していないデザイナーたちが、ブランドをディレクションしていきました。

ヒップホップ、レゲエ、パンク、ロック、ハードコア、ミクスチャーの音楽カルチャーから自分たちのブランドイメージを打ち出し、ブランド同士のコラボや、老舗ブランドへの別注などで話題をつくり続けました。

　これまでのファッション文化とはかけ離れた独自の原宿ストリートカルチャーを仕掛けていったのです。

「ファッション雑誌」が主役だった時代

　スマホのない時代ですから、裏原の情報は一部のメディアでしか追うことができませんでした。ネットもほぼ普及していなかったため、情報はおのずと秘匿性が増していきました。

　ファッションに敏感な若者たちは、その情報をなんとかして手に入れようとします。その橋渡し役となったのが、**「ストリートファッション雑誌」というメディア**でした。

　1994年に『ASAYAN』が創刊され、1995年には『SMART』が創刊。これ以前からあった『Men's non-no』や『Checkmate』も後を追って、原宿を特集するようになりました。

　ストリートファッション雑誌は、一斉に原宿をフィーチャーするようになりました。ファンの若者たちは、雑誌の発売日になれば書店に足を運び、その情報と口コミをもとに新作商品を探しに原宿へと繰り出したのです。

　当時の雑誌には、今のように豪華な付録などついていません。それでも雑誌は売れに売れました。

　オシャレな若者は、街やクラブで声をかけられ、その服装や着こなしを撮影したスナップ写真がファッション雑誌に掲載（ストリートスナップ）された時代でした。

　当時のストリートブランドは、テレビに登場することはなく、駅ビルやファッションビルにも店舗がない。しかし、なぜかブランドディレクターはカリスマ化し、その服はバカ売れしている。極端なことを言えば、**店頭スタッフのフレンドリーな笑顔も「い**

らっしゃいませ」のあいさつもなく、**"睨んでいる"だけで服が売れました**。

　現在、メディアの主役は雑誌からインスタなどのSNSに移りましたが、商品が売れていく構造と、若者の熱狂ぶりはとてもよく似ています。

　いちばん大きな違いは、20年前であれば、ブランドは自分たちで情報を発信する必要はありませんでした。雑誌がこぞって、ブランドのショールームにやってきて毎号特集を組んでくれたからです。秘匿性の高い情報をもつメディアが、ブランドとお客様の橋渡しをしていました。

　しかし、当時と今とでは、ブランドの立場は大きく変わりました。ファッションブランド自体が時代とともにコモディティとなり、お客様がわざわざ探しに来ることはなくなりました。お客様が探していないので、雑誌も情報を欲しがりません。

　つまり、**自分たちのブランド自体がメディアとなり、発信しなければならない時代になったのです**。

ブランドにマッチするメディアを駆使する

　もしかしたらご存知かもしれませんが、年々雑誌の発行部数は減少し、ほぼすべての雑誌が2017年の時点でピークの半分以下に落ち込んでいます。ファッション誌も例外ではなく、一世を風靡した雑誌が次々と休刊しています。

　それに対して、SNSの登録者数は毎年右肩上がりに増加しています。ソーシャルメディア・アプリに関する事業を行う「ガイアックス」のデータによると、月間のアクティブユーザー（日本国内）は、ツイッター4500万人、インスタグラム3300万人、フェイスブック2600万人となっています（2022年）。

　なかでも注目はインスタグラムです。2018年の時点でインスタはフェイスブックのユーザー数を超えて伸びています。

「それならインスタグラムをやっておけば間違いないんでしょ?」と思うかもしれませんが、話の本質はそこではありません。

大事なのは、ここです。

「ターゲットにしたいお客様がどこにいるか。あなたのお客様がいるメディアに、どのような接点をもっているか」

多くのSNSがある中で、どうやってブランドのお客様にアクセスするかが重要で、SNSのアクティブユーザー数や増加率がすべてではありません。

たとえば、あなたのブランドの商品がアニメのキャラクターとコラボしたとしましょう。

その場合、インスタよりもツイッターのほうが適しているケースがあります。もちろん、インスタも相性は悪くありませんが、ツイッターは情報の拡散力が抜群です。匿名性が高いこともあり、たとえば**アニメや芸能人系のネタは広がりやすい**のです。

じつは、ツイッターのユーザー数を見ると、20代から50代までの年代では、フェイスブックやインスタグラムと比べても多い。ツイッターのユーザーアカウント数は4500万人であるのに対して、フェイスブックのユーザーアカウント数は2600万人です。

日本国内においてツイッターは、最もメジャーなSNSという特徴があります。

理由として考えられるのは、フェイスブックに比べてツイッターは、サブアカウントや裏アカウントがつくりやすいという事情があると思われます。サブアカや裏アカをもっている20代以下の若者は50%を超えるというデータもあります。私のような面倒くさがりの40代のおじさんにはなかなか理解しづらいですが……。

サブアカ、裏アカだからこそ、実名ではツイートしにくい、アニメや芸能ネタが拡散されやすいといえます。

過去に、ファッションブランド「junhashimoto」と組んで、ア

ニメ『攻殻機動隊』とのコラボ商品をつくったことがあります。

　主人公の草薙素子少佐にミリタリーウェアの「M-65」を着て
もらったところ、ツイッターでバズり、数時間で商品が完売しま
した。グッチのようなコレクションをツイッターで発信してもなか
なか拡散しませんが、**アニメキャラとのコラボ商品などはツイ
ッターと相性がよいのです**。

『攻殻機動隊』とのコラボ企画

　最近では、ある番組で当社のレディースファッションブランド
「Privève」のワンピースをタレントの指原莉乃さんが着用しまし
た。インスタでは反応はそこまでありませんでしたが、ツイッタ
ーで何十もの捜索ツイートが氾濫。

　これを受けて、「あのワンピースはどこのブランドですか？」と
いうツイートをすかさず拾い、自社ECへ誘導。そのワンピース
も、その後、数時間で完売しました。「ツイッターの拡散力、す
げぇ〜！」と唸りました。

　つまり、**SNS媒体の特性に合わせて、お客様も存在していま
す**。インスタにはインスタのお客様がいるだけで、すべてを網羅
できるわけではありません。

　「お客様がどこにいるか」を見極めて、SNSを使い分けること
も重要なのです。

存在感を増す動画メディア

　近年は、ユーチューブやTikTokといった動画メディアも急速に勢いを伸ばしています。ユーチューブは、ここ数年で、素人が簡単に手出しできないレベルのメディアに成長しました。芸人やトークのプロたちがこぞって出演し、テレビの台本を書いているプロの作家たちも参入して制作に携わっています。

　コンテンツ全体のレベルが上がっていて素人が参入するにはつらい状況ですが、一方で、**ライブ機能やアーカイブ機能は、アパレルでP2Cブランドを展開する人にとっては、強力な武器になっています**。

　また、TikTokは、若者への浸透度がすさまじい勢いで進んでいます。10代、20代の若者にかぎっては、インスタからTikTokへ乗り換えている動きも見てとれます。

　これからはインスタグラムだけをブランドのメディアとして活用するのではなくて、お客様の特性に合わせて、ツイッター、TikTok、フェイスブック、ユーチューブ、LINEなどのSNSを使い分けることが大事です。

　とはいえ、「ベースとなるメディアは何か？」と聞かれたら、現時点では使いやすさとビジュアルイメージの訴求力を考えると、**「インスタグラム」**と答えます。

　TikTokやユーチューブなどの動画メディアの伸長も目覚ましいものがありますが、インスタはDM（ダイレクトメール）機能でフォロワーやお客様ときちんとメッセージをやり取りできるのも大きなメリットです。

　直接メッセージをやり取りすることはファン化につながります。

　ユーチューブとTikTokでは、認知させることができたとしても、ファンとコミュニケーションをとる場所がコメント欄になるため、1対1で対話する場所がありません。**1対1の会話にこそ、ファン化させる絶好のチャンスがあるのです**。

動画で引っ張り、インスタでファン化する

　最近は動画のインフルエンサーの影響力が強く、TikTokやユーチューブを起点に認知されるケースが増えています。インスタグラムはアルゴリズムの関係でフィードがどんどん流れてしまうのに対して、TikTokはAIがぐるぐるフィードを回しているので、フォロワー以外の人にも認知されやすいという特徴があります。したがって、フォロワーや再生回数は、他のSNSより伸びやすいといえます。

　だからといって、TikTokの一本槍ではうまくいきません。TikTokでバズったとしても、テレビ出演の話などは舞い込むかもしれませんが、そこからブランドを売るところまで誘導するのはむずかしい。

　今はむしろTikTokやユーチューブの動画で認知してから、インスタグラムに流れてくるというパターンが増えています。このように「**トラフィックを集めやすい動画で引っ張ってきて、インスタグラムでファンにする**」のも戦略のひとつです。

　当社でレディースブランドを立ち上げたディレクターは、ファッションとは関係のない、ダイエットのユーチューブ動画がバズりました。フォローした人たちは、もともとダイエットに興味があったのですが、ディレクターのインスタに飛んできて初めて「ファッションブランドのデザイナー」であることを知ったというパターンです。そして、「インスタを見ていたら、商品がほしくなった」というフォロワーによって服の売上も伸びていきました。

　現状では、インスタグラムを拠点としながら、その他のSNSからトラフィックを集める方法がベストだといえます。

　もちろん、この先もインスタが一番手であり続ける保証はありませんし、インスタグラムに代わるSNSが登場するかもしれません。「**ブランドに合ったSNSを使う**」ことがP2Cブランドを成功させるために大切な考え方です。

進化する購入スピードに対応する

AIDMAとAISAS

　P2Cブランドを展開するうえでキモになるのが「ストーリーテラー」です。ストーリーテラーを考えるうえで重要なポイントが3つありました。振り返っておきましょう。

・誰が
・どこで
・どうやって

　「誰が」「どこで」の2つを理解したら、次は「どうやって（HOW）」を考えていきましょう。具体的に、どうやってブランドのストーリーを伝えていけばよいでしょうか。

　大前提として言えるのは、**今のお客様はECページを見て商品を欲しくなるわけではない**ということ。

　ブランドの販売に興味がある人なら、AIDMA（アイドマ）やAISAS（アイサス）というマーケティング用語を聞いたことがあるかもしれません。

　「横文字ばっかりで難しそう」という人のために、カンタンに解説しておきましょう。

A＝Attention（注意）
I＝Interest（関心）
D＝Desire（欲求）
M＝Memory（記憶）
A＝Action（行動）

　人がモノを買うときの購買決定プロセスの頭文字をとって、AIDMA（アイドマ）と言います。あるブランドの商品をはじめて知った見込み客の心の声で表現すると、次のようになります。

Attention：「おっ、このブランドなんだ？」
Interest　：「へ〜、こんなブランドあるんだぁ」
Desire　　：「イケてるじゃん。でも、今回は買わないでおこう」
Memory　：「それにしてもあのブランドはイケてたなぁ」
Action　　：「やっぱり買いに行こう！」「これください！」

　最初に認知してから購入に至るまでの心理状態のステップがAIDMA（アイドマ）です。また、インターネットショッピングが普及し始めてからは、広告代理店の電通により提唱されたAISAS（アイサス）という考え方も登場しました。

A＝Attention（認知・注意）
I＝Interest（興味・関心）
S＝Search（検索）
A＝Action（行動）
S＝Share（共有）

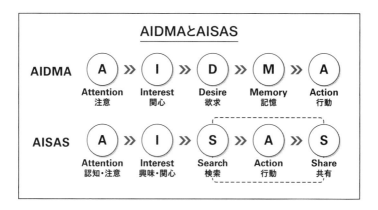

AIDMAとAISAS

基本的な流れはAIDMAに似ていますが、関心をもった商品を
Search（検索）して、ネットで商品のことを調べる。そしてポチ
ッと購入してから、最後に購入した商品をSNSなどでShare（共
有）するまでがAISASです。

　このようなステップを踏んで、お客様はモノを購買すると考え
られてきました。他にもAIDCA（アイドカ）やAMTUL（アム
ツール）など派生した横文字がありますが、小難しいことは覚え
る必要はありません。

　なぜなら、**SNSを使ったマーケティングは、これまでの購買
の心理ステップを一気にぶっ飛ばすものだからです**。「じゃあ、
こんな話すんなよ！」とツッコミたくなるかもしれませんが、今
からする話は、こうした基本の概念を知っておくと、より深く理
解できます。

いつまでも見てしまうSNS

　極端なことをいえば、今のお客様は、眠っているとき以外は、
ほぼスマホと一緒です。起きてすぐスマホを確認して、寝る直前
までスマホを見る。電車での移動中や、待ち時間なども、ほとん
どの若者はスマホを見ています。

　ここでのポイントは、**SNSを使っている人は、自分が好き好
んでそのアプリを使っているということ**。インスタやツイッター
が直接「使ってくれ」と押し付けているわけではなく、利用者が
自分の意思でアプリをインストールし、そこから情報を得ている
のです。

　私もそうですが、多くの人は誰に頼まれたわけでもないのに、
勝手にSNSを見て、勝手に何かを欲しくなったりするのです。

　インターネットの発展を境に、メディアは大きく様変わりしま
した。

　旧来のテレビ、ラジオ、雑誌、新聞などはプッシュ型のメディ
アといえます。一方、検索やSNS、ユーチューブなどの動画コン

テンツ、ブログなどはプル型のメディアです。

　プッシュ型は広告を含めたコンテンツを不特定多数に発信しているのに対して、プル型はお客様からアプローチします。誰が見てもプル型が今っぽくて、プッシュ型は昭和感があるのに気づくでしょう。2つは同じメディアでも性格を異にしています。

　大事なのはここからです。プル型の中でも、特にインスタ、ユーチューブ、TikTokの3つのメディアは、ついつい見続けてしまいます。みなさんも、気づいたらずっとSNSや動画を見ていたという経験をしているかもしれません。

　なぜでしょうか。これは、単純にお客様から情報を取りに行くプル型メディアだから、という話ではありません。AIのリコメンドが優秀という面もありますが、実はもっと単純です。

　「目的がなくても、見ているだけで楽しい」

　これに尽きます。無目的だからこそ見続けられる。いつでもやめられるから、いつまでも見てしまう。スマホゲームにも言えることですが、目的のなさと気軽さが、結果、多くの時間をアプリに費やす原因になっているのです。

脳内ですでに購入している

　さて、少し話がそれましたが、SNS時代の購買プロセスについて話を戻しましょう。

　お客様は、SNSを見ているときは、たいして目的もなく、買い物をする気もなかったはずなのに、インフルエンサーの情報を追っているうちに「これ欲しい！」と商品が欲しくなる。そして間髪入れずにECサイトに飛んで、購入ボタンをポチリと押しています。

　脳科学的な視点からいえば、商品を「買っている」のは、ECで最後にポチった時点ではなく、**「これ欲しい！」と衝動が起こった瞬間**といえます。

　服のサイズをチェックして、決済方法を選んでいるのは、単に

手続き踏んでいるだけであって、脳内ではすでに購入済みの状態です。

　つまり、**なんとなくインスタグラムをチェックしているだけだったのに、いつのまにか脳内で商品を買っている**、という現象が起きているのです。

　この購買プロセスは、先ほど説明したAIDMAやAISASのステップが極端に短くなっていることに気がつくでしょうか。

　もはやAttention（注意）すらなく、スマホを見ているうちに出てきた誰かの投稿にInterest（関心）を抱き、インスタグラム内でタグSearch（検索＆ブランド検索）をする。そして、「イケてる！　欲しい！」というDesire（欲求）が湧いたら、すぐにECで購入というAction（行動）を起こす。

　ECですぐに購入できてしまうから、「欲しい！」から「購入」までの速さがすさまじいのです。

　今の若者たちは、インスタグラム内の誰かの投稿を見て、頭の中のイメージで「試着」します。そして「これ、いいな」と思う。この時点ですでに買っている状態なのです。

　その後、スタッフスタート（店舗スタッフがコーディネートや商品レビューをECサイト上に簡単に投稿できるサービス）やWEAR（モデルや俳優、ショップスタッフの着こなしの中からコーディネートを探せるサイト）などで、自分の体型に近い販売員の着こなしをチェック。サイズ感が問題なさそうなら、ECサイトへ飛んで購入ボタンをポチリと押します。

　こうした購買プロセスの変化から言えることは、実は**イケてるECサイトはそれほど重要ではない**ということ。なによりも大事なのは、共感を生む設計をもとにしたインスタグラムの投稿やストーリーズです。

「ライブコマース」を使いこなす時代がやってきた！

ライブだから「自分ごと」になる

　進化する購入スピードを語るうえで外せないのがライブコマースです。

　インスタはいくつかの機能を備えていますが、特に注目しておきたい機能があります。

　「ライブ機能」です。**インスタにかぎらず、今の時代は急速にライブコマースが盛り上がっています**。

　ライブコマースは、ECサイトとライブ配信を組み合わせた販売形態のことで、お客様が動画配信者に質問しながら買い物できるのが特徴です。

　実際、中国ではライブコマースが当たり前。みんながみんなセールスマン状態で、少しでもフォロワーがいる若い女性はライブでブランドの商品を紹介して、アフィリエイト報酬を稼いでいます。中国のインフルエンサーをKOL（Key Opinion Leader）と言いますが、彼らはほぼライブで販売を行い、売上をつくっています。

　インフルエンサーの動画を見て、その場で購買を決める。そんなライブコマースの発展によって、ますますお客様の購買スピードは高まっているのです。

　そもそもお客様は「その服が本当に自分に合うのかどうか」を知りたいと思っています。その点、画像だけよりもライブだとさらに実物に近い情報を知ることができます。

　モデルさんが着た画像や、キレイな物撮りだけでは、自分に似合うのかどうかわかりません。**もしライブで自分の体型に近い人が**

服を着てくれれば参考になり、「自分ごと」として考えられます。

　日本のアパレル業界でもライブ配信を中心としたビジネスモデルが盛り上がっています。たとえば、150㎝前後の低身長女性のための服を手がけて新しいジャンルを開拓したD2Cブランド「COHINA（コヒナ）」は創業以来、毎日ライブをしています。実際に、150㎝前後のモデルやスタッフがブランドの商品を身につけて、お客さんの質問に答えることで、お客さんは自分に本当に似合うかどうかを判断できます。

　身長の低い女性は「丈は本当に長すぎないか」「スタイルが悪く見えないか」など、服に関するさまざまな不安を抱えています。だからこそ、「身長の低い人が着たらどう見えるのか」を知りたいのです。

　写真だとウエストを調整したり、足が長く見えるように加工したりできるので、本当のことを知るには限界があります。しかし、ライブで低身長に起因する不安が解消されれば購入しやすくなります。

　当社のブランド「Privève」でも、新作発表のたびにスタッフはライブ配信を行っています。デザイナーもライブに登場することもあり、デザインのこだわりやエピソードを披露します。誰のための服なのか、どんなときに着るのがおすすめなのかをデザイナー自身の口で伝えます。写真だけだと伝わらないディテールや、生地感、カラーについても詳しく説明できます。

　そして、アイテムのコーデをいくつか自分で着用してみて感想を伝えます。

　お客様が、さらに突っ込んだことを知りたい場合、ライブなら直接質問ができます。**デザイナー本人やスタッフがその場で質問に答えるので、だいたいの疑問や悩みは解消されます。**

　その分、インフルエンサーはいろいろな角度から飛んでくる質問にとっさに対応しないといけません。臨機応変な対応力が求められますが、うまく答えられればインフルエンサーの信用につながります。

ライブだから「信用」が得られる

　日本でもインフルエンサーが動画やライブで話す機会が多くなってきました。写真や文章だけでなく、**ストーリーテラーとして文字通り"語る"スキルが求められます**。

　直接、語りかけるインフルエンサーがいると、ブランドのコンテクストが伝わりやすくなりますが、特にライブ動画は影響力が大きい。

　「88HachiHachi」の成功例からもわかるように、ライブはインフルエンサー自身の「素」が垣間見える。その人自身の「あり方」が問われます。その分、ひとたびインフルエンサーのファンになってもらえれば、人的信用は揺るぎないものになります。

　つい最近までは、インスタの写真だけでも十分に売れていました。しかし、インスタブランドも珍しくなくなり、画像はつくり込むほどに他と似たり寄ったりになってしまいます。従来のようにつくり込んだものに感情を動かされる人は少なくなっています。

　もはや若者の目にはインスタのフィードでさえも、つくり込まれた世界に見え、退屈に感じています。「**静止画の限界**」といっても過言ではありません。

　だからといって、テレビショッピングのようにすれば売れるというわけでもありません。テレビショッピングに感情を動かされるのは年齢層が上の人で、若者は台本があるような映像に違和感を覚えます。

　私たちの世代だと、「ライブをやるなら台本が必要だ」という発想になりますが、それはユーチューブまで。**ぶっつけ本番ですべてを見せていくライブに若者は心を動かされるのです**。

　ライブだとつくり込めないので、どうしても「素」で勝負することになります。

　「写真と違って盛れなくなるからライブはイヤ！」

「ライブを何人見ているかバレるのが恥ずかしい」

インスタに限らず、ライブ機能については、このように苦手意識をもつ人が多いのが現実です。顔をバンバン出しまくっているインフルエンサーでさえ、ライブを避けている人は少なくありません。

ライブは一発撮りなので、良くも悪くも"リアル"が伝わります。写真ではバレないものも、映像だとあきらかになってしまいます。「この人、リアルだと印象変わる」「意外と人気ないんだ」と思われるのはイヤでしょうから、心理的抵抗感が強くなります。

実際、インフルエンサーに熱心なファンがいるかどうかは、ライブをしているときの反応で一目瞭然です。たとえば、**インスタライブを数百人が視聴しているインフルエンサーは強い影響力をもっている**といえます。わざわざライブの時間に合わせて見に来るのですから、結びつきが強い証拠です。

ライブは良くも悪くもインフルエンサーの実力をあきらかにしますが、"リアル"だからこそのメリットもあります。

ライブでは人としてのあり方で勝負せざるを得ないので、**キャラクターが立てば、他の人はその人の真似をしたくても真似できません**。

これからのライブは、雑誌などのつくり込まれた世界でフィーチャーされてこなかった人たち——たとえば、ふくよかな体型の人や胸のサイズが小さい人など——が注目されるかもしれません。

ブランドは
「ファンの熱狂」で売る

インフルエンサーマーケティングの終焉

　インフルエンサーの投稿を見て、すぐにECサイトへ飛んで購入ボタンをポチリと押してもらうためには、そのインフルエンサーとの関係性が大きく影響してきます。

　SNSは個人のライフスタイルと密接に関わっています。なかでも服はライフスタイルそのものなので、SNSと相性がよいといえます。
　SNSを見る人は、インフルエンサーのライフスタイルに興味をもちます。インフルエンサーがどんな服を着て、どこで遊び、どこのエステを使い、どこのネイルサロンに通っているのか。自宅のインテリアはどんなものか、どんな人とつながっているのか……といったパーソナル部分に共感していきます。
　では、インフルエンサーは、ただ自分のライフスタイルを発信していればいいのでしょうか？
　もちろん、それなりにフォロワーは増えるかもしれませんが、「ファン」になってもらうのは難しいでしょう。
　フォロワーは、**ライフスタイルを超えたインフルエンサー個人の生きざまに興味があるのです**。何を考えて、どんな行動をしているかといった「人としてのあり方」までを見ています。
　したがって、SNSでは個人の生きざまを伝え続けることが、インフルエンサーの「人的信用」につながります。フォロワーのトラストを得られなければ、モノが売れるような影響力を発揮することはできません。

ここで衝撃的な予言をしておきましょう。

インフルエンサーを活用したマーケティングは、いよいよ終焉を迎えます。

もはや「案件」を売上につなげるのは困難

「さっきインフルエンサーが大事って言ってましたよね？」とツッコミを入れたくなる気持ちはわかります。たしかに、P2Cブランドにはインフルエンサーの存在は必要不可欠だと何度も強調しました。

しかし、これまでのような「インフルエンサーに告知を依頼して、何かを販売する」というモデル（いわゆるインフルエンサーマーケティング）が、終焉に近づいているのは、残念ながら事実です。

もう少し具体的に言えば、企業が広告費を支払い、インフルエンサーに告知してもらう、いわゆる「案件」といわれるスタイル。画像やテキストの下に、「#PR」というハッシュタグがついているような投稿です。

ひと昔前ならともかく、いまやフォロワーにも「案件」であることはバレバレです。商品を買う立場になればわかりますが、案件であるとわかった瞬間、スッと興味が冷めていきます。ビジネスの匂いがぷんぷんと漂ってくれば、「このインフルエンサーは広告収入を稼ぐために紹介しているんだな」と判断します。

さすがに、**何万人とフォロワーがついているインフルエンサーでも、「#PR」から販売につなげるのは至難の業です。**

もちろん、そうした「案件」であっても、認知拡大につなげることはできます。しかし、コンバージョン（成約）は別の話です。

私が知る限り、もはや「#PR」の案件に投じた広告費の金額以上に売れている、つまり売上の採算がとれているケースはありません。もしかしたら私の勉強不足かもしれませんが、「#PR」の投稿でも爆売れしているインフルエンサーがいたら教えてほしい。

それほどに、今はこの手の案件で成約につなげるのは難しくなっています。

　ファンはインフルエンサーの生きざまを見たいのです。せこせことお金を稼ぐために、使ってもいないような商品を紹介するようなPR投稿など見たくはありません。

　「では、インフルエンサーに仕事は依頼しないほうがいいってことですね？」と思うかもしれませんが、もちろん、そんなことはありません。

　P2Cブランドを成功させるうえで、インフルエンサーの存在は必要不可欠です。

インフルエンサーは数よりもエンゲージメント

　P2Cブランドのキーマンとなるのは、影響力のあるインフルエンサーであることは間違いありません。

　ただ、その影響力はフォロワーの数だけでは計れません。インフルエンサーのフォロワー数以上に大事になるのが、**エンゲージメントの高いファンがいることです**。

　ここで言うエンゲージメントとは、インスタグラムが数値として出しているエンゲージメント率のことではありません。また、一見、影響力に最も関係するのはフォロワーの数だと思いがちです。

　しかし、フォロワーの数は売上をあげる上ではまったくあてになりません。あるブランドの企画で10万人のフォロワーがいるインフルエンサーと組んで服の販促を仕掛けたことがあります。

　しかし、結果は関係者の信用を失うほど売れなかった……。なんと、用意した商品200点ののうち初速で10点しか売れず、190点の在庫が残ってしまったのです。

　10万人のうち10人しか買ってくれないという事実……このとき、私はフォロワーの数よりも、インスタグラムが表示するエンゲージメント率よりも大事なものがあることに気づきました。

それは「**ファンの熱量**」です。激アツの熱狂的ファンがいるブランドは、めちゃくちゃ強い。では、熱いファンとそうでないファンの違いはどうやって見分けるのか。

たとえば、インスタなら「いいね」も大事ですが、**フォロワーからのコメントが重要です**。熱いファンは、絵文字だけのコメントだけでなく、好意的な文章のコメントをすぐに送ってくれます。

ユーチューブにしても、熱いファンは、動画を長く視聴してくれるだけでなく、コメント欄に応援のメッセージや好意的な文章をポストしてくれます。

かつて私が携わったブランドで、コメント欄にアンチのコメントや否定的なメッセージが届いたことがありましたが、ある熱いファンが、それに対して理路整然と論破してくれました。

エンゲージメントの強いファンは、あなたのブランドの商品を買ってくれるだけでなく、勝手に周囲におすすめしてくれます。**まるでブランドのセールス担当者のように振る舞い、リアルな場でもSNS上でもブランドを広めてくれます**。

それどころか、SNSのアイコンがあなたのブランドの商品やロゴになっている場合すらあります。ここまで深いつながりのある関係性が結べたら、「熱狂的ファン」と呼んでもいいでしょう。

いい意味で"熱苦しい"までに熱狂し、行動している人がいると、その人の周囲にもだんだんと熱量が伝わっていく。こうしてSNSの画像とコメントを通じた「口コミ」が広がっていきます。

インフルエンサーとジョイントして、ブランドを認知拡大してもらうときも、温度が高いフォロワーがどれだけ多いかが重要になります。

さすがに、フォロワー数1000人と10万人とでは影響力は違いますが、これまでの経験から言って、**フォロワー数が2〜10万人の範囲であれば、数の大小はあまり関係ありません**。たとえフォロワーが2万人でも、ファンの熱が高ければ10万人のフォロワーと同レベルの結果が出ます。

　また、3000 〜 5000人くらいのフォロワーであっても、すでに熱狂的なファンがついているようなインフルエンサーであれば、ジョイントを提案することもあります。フォロワーの数は少なくても、「温度」の高いファンをもつインフルエンサーは波及効果も高いですし、これから加速度的にフォロワーが増えていく可能性があるからです。

「一貫性」のある投稿が売上につながる

　当然ですが、ホットなフォロワーをもっていることは大きなアドバンテージがあります。

　ポイントは、エンゲージメントです。エンゲージメントとは、一般に活力、熱意、没頭などの言葉で特徴づけられますが、ここではインフルエンサーとフォロワーの「つながりの深さ」ととらえてください。

　最近では、良い会社組織をつくるためにはマネジメントよりも、エンゲージメントが大切といわれるように、表面的な数字よりも心と心のつながりに重きが置かれてきています。

　だからこそ、**インフルエンサーもフォロワーの数よりもエンゲージメントの強さが大切になります。**

　日頃、胸やお尻の写真などセクシーなイメージでフォロワーを集めているグラビアアイドルが、いざ服を売ろうとしても、フォロワーは購入してくれない。ECショップに飛ぶことさえしません。フォロワーはセクシーな写真が目当てだからです。

　ちなみに、彼女たちのフォロワーは普段、無料でセクシーな画像を見ているので、写真集を販売しようとしても厳しいはず。相当コアなファンしか買ってくれないでしょう。それこそライブや握手会などの特典をセットでつけるなどしないと、お金を出してもらうのは難しいと思います。

　日頃、どのようなイメージで、何を発信しているか——。**インフルエンサーが投稿するときに大切なキーワードは「一貫性」で**

す。普段発信している内容が、売りたい商品とあまりにズレていると、信用を得られず、売上には結びつきません。

　フォロワー（お客様）の頭の中で、日々発信しているSNSのコンテンツと、売りたい商品が自然と紐づけられるか——これが大事になります。

熱狂ぶりは「メンション」でわかる

　熱狂的なファンはまわりにブランドの魅力や価値を広めてくれます。SNSにもいろいろありますが、インスタの場合、**ファンの熱狂ぶりは「メンション機能」で十二分に発揮されます。**

　「メンション機能」とは、＃（ハッシュタグ）にブランド名を付けて投稿された画像やストーリーズを一覧できる機能です。ブランドのトップページの右下にある人型のタブがメンションボタンです。

Privève のインスタ　　　　sachat のインスタ　　　　MINIMUS のインスタ

　メンションのタブをクリックすると、これまで、そのブランドをタグ付けした人たちの投稿を見ることができます。つまり、メンションには、**リアルな口コミが投稿されているため、ブランドの本当の評価が目に見える形であらわれているのです。**

　ブランドのインスタを見に来る人は、ブランド側の発信した情報ではなく、フォロワーであるお客様が撮った動画や画像を見て、そのブランドの価値を測ろうとする傾向があります。

　あなたのブランドを知らない人たちが、仮にそのブランドのインスタページを訪問したときに、どこを見るでしょうか。まずはフィードの9枚の画像をパッと見て興味をもったら、すぐに「メンション」を確認します。

　今の若者は、すでにグーグルすらあてにしていません。私たちの世代はグーグルの便利さに慣れ切っているので反射的にグーグルを開きますが、今の若者は「ググる」ことをしないのです。

　「なぜ、グーグルで検索しないの？」と若者に聞いたところ、こんな答えが返ってきました。

　「だって、グーグルは"ウソ"の情報ばっかりじゃないですか」

　たしかに、グーグルの検索結果ページには、企業の広告と比較サイトが上位表示されて、本当に欲しい情報までなかなかたどり着かない。

　たとえば、「青山　カフェ」と検索しても出てくるのは「食べログ」などの比較サイトばかり。「旅行　ニューカレドニア」で検索しても、旅行会社のサイトで埋め尽くされます。そういう意味では、若者から"ウソ"と断じられても仕方ありません。

　今の若者は、インスタで検索します。インスタのタグ検索で「青山　カフェ」と入れると、青山のカフェの"リアル"が見えてきます。

　そんな若者たちが、インスタの中でも、とりわけ信用しているのが「メンション」なのです。

　「メンション」はウソをつかない。

　影響力のあるインフルエンサーはフォロワーを増やすだけでな

く、他のユーザーにタグ付けされることを目指しています。タグ付けされるということは、他の人に影響力を及ぼしている証拠だからです。

　もしブランドに熱狂的なファンがいれば、そのインスタのメンションは盛り上がっているはず。恐ろしい話ですが、今の若者たちはメンションを見て、ブランドがイケているかどうかを判断します。

　ファンの「温度」が可視化されてしまう。それが「メンション」なのです。

　だから、あなたのブランドのメンションが盛り上がっていないなら、熱狂的なファンがいない証拠となります。イケてるファンがいないことがバレてしまうばかりか、「怪しいブランド」というレッテルを貼られてしまいます。

　ブランドにとって、「メンション機能」は諸刃の剣。フォロワー数ばかり増やしても、あまり意味がありません。「メンション」してくれるような熱狂的なファンを増やさない限り、いつまでも売れるブランドにはならないのです。

「熱狂」を生み出す CRAZYの法則

発信側の「熱量」が求められる

　P2Cブランドを育てるには、「世界最大の口コミ」であるSNSを最大限に活用する必要があります。ネット上でいかに「口コミ（バズ）」を起こし続けるか、さらにそこから「熱狂」をどうやって生み出すかに、P2Cブランドの命運がかかっています。

　では、どうすればファンを熱狂させられるでしょうか。
　キーワードは「熱量」です。
　発信する側の「熱量」が「熱狂」を生み出します。
　「熱量」がないものは、見ているフォロワーにすぐにバレます。
　少し前までは、インフルエンサーがインスタに投稿している写真が「カッコいい」「かわいい」ものであれば、その商品は売れていました。それこそインフルエンサーが顔の前で化粧品を持っている写真をアップするだけで、その化粧品は売れていましたが、もはやそれだけでは売れません。その商品に対する「熱量」が伝わってこないからです。

　「熱量」を生み出すためには、以下の6つの要素が必要です。私はこれを「**CRAZYの法則**」と呼んでいます。

C：CONTRIBUTE／誰かのために行動しているか
R：REALITY／素を見せているか
　：RISK／リスクを取っているか
A：AGAIN／しつこいか
Z：ZEST／情熱があるか
Y：YOURSELF／あなたのスタイルがあるか

CONTRIBUTE／誰かのために行動しているか

　最初のCはCONTRIBUTE、「誰かのために行動しているか」です。

　ひと言でいうと、誰か、あるいは何かに対して **貢献する** ことです。

　社会的に弱い者の立場に立ったり、社会問題に取り組んだりする姿が、その人の「熱量」として可視化されます。

　以前、人気ユーチューバーのはじめしゃちょーさんのチャンネルで、「彼の持っている遊戯王カード5万枚を下取りに出したら一体いくらになるか？」というテーマの動画がアップされていました。

　5万枚のカードを査定に出したところ、レアカードが含まれていたこともあり、40万円以上の現金を手に入れることに成功。番組は大いに盛り上がりました。

　「遊戯王カードに興味のある人は、これを見たらきっと面白いんだろうな」という程度の軽い気持ちで見ていたところ、最後に急展開が待っていました。はじめしゃちょーさんが手にしていた現金40万円が風に吹かれて、きぐるみが抱える募金箱の中に、すぽっと入ってしまったのです。

　ここでスパッと動画は終わるのですが、その展開や最後のオチの付け方はじつに秀逸でした。

　その動画を観るまで私は、はじめしゃちょーさんを「流行りのユーチューバーで、ティーンエイジャーに人気がある」程度の認識しかもっていませんでした。

　しかし、ただ現金を寄付するのではなく、「動画作品の中でオチとして募金をする」というクリエイティビティを存分に発揮した彼のセンスと手腕に感心しました。

　「あざとい」と言う人もいるかもしれませんが、私に限らず、ユーモアを交えて社会貢献を行う姿に感動し、好感度がアップし、

ファンになった方は少なくないのではないでしょうか。

REALITY／素を見せているか

　SNSを使って情報を発信する際、"カッコつける"のは逆効果です。**カッコよければ憧れの対象になる時代ではありません**。特にZ世代（1996-2012年生まれ）に関しては、カッコいいという概念自体が大きく変わっていると感じています。

　ひと昔前であれば、雑誌やテレビドラマなどに登場する、スタイルが良くて、顔立ちが整っているモデルや俳優を見て、ファンになったり、憧れたりするのが定番の流れでした。

　しかし、Z世代をはじめとする現代の若者は、そんな雑誌やテレビのつくり込まれた世界には反応しません。

　つくり込まれた"ウソ"の世界などではなく、もっとありのままのリアリティのある素の姿に共感を覚えます。だからこそ、SNSで「素」を見せている人をフォローしているのです。**何も飾らない姿で、本音を言えるインフルエンサーにこそ、憧れたり共感したりするのです**。

　たとえば、芸能人のメイク動画が人気なのも、素顔というありのままの姿を見せている点に共感が集まるからです。

　インスタで43万人、ユーチューブで15万人のフォロワーをもつ人気インフルエンサーの「まきとん」さんは、ユーチューブでメンズのメイク動画を公開しています。その中で彼はすっぴんの顔と、メイク後のイケている顔を対比させる形で登場します。イケていない自分もすべてさらけ出しているキャラクターがフォロワーの共感を呼んで、日本人のみならず、世界中のフォロワーから人気があります。

　また、インスタグラムのフォロワー数を見ても、最近ではテレビの従来型のバラエティ番組よりも、**リアリティショーの番組に出演した人のほうが多くのフォロワーを獲得しやすい傾向にあります**。

弊社のオリジナルブランドとして展開している「sachat（サーシャ）」のディレクターを務める新田さちかさんもそんな一人で、若手俳優と女優がキスシーンのある恋愛ドラマの撮影をしながらその恋模様を追いかけるリアリティショー『恋愛ドラマな恋がしたい~Kiss On The Bed~』（AbemaTV）に出演して爆発的に人気を集め、フォロワーを伸ばしています。

　ときにカッコ悪かったり、不完全な姿をさらけ出したりする。そんな人間味が感じられるインフルエンサーはファンが増えます。
　ただ、「フォロワーと近い存在であればいい」というわけでもありません。親近感に偏りすぎるのも問題です。
　販売する商品がファッションブランドである以上、「憧れ」の対象であることも大切で、**「親近感」と「憧れ」のバランスが求められます**。AKB48でいうところの「クラスにいそうだけどいない」というイメージをどこまで追求できるかがポイントです。
　ステキで憧れる存在だけれど、身近に感じる。そんなインフルエンサーがファンを獲得し、「熱量」は加速度的に増していきます。
　なお、先に述べたように、最近では、よりインフルエンサーの「素」が見えやすいユーチューブやTikTokなどの動画メディアのほうが、静止画のインスタグラムより、共感を生みやすくなっています。

RISK／リスクを取っているか

　誰もが人に嫌われることを好みません。
　私もそうですが、なるべくみんなに「いい人」と思われたいし、悪口を言われたくない。できることなら聖人君子のように尊敬され、生きていきたい。そう思っています。
　しかし、**影響力がある人物には、アンチの存在がつきもの**。ひとたび、刺激的なコメントを発すると、騒ぎ立てる人が出てきま

す。

　たとえば、タレントでユーチューバーのてんちむさん（橋本甜歌さん）は、歯に衣着せぬ発言で人気を集めています。

　彼女はユーチューブチャンネルの中でバストアップ関連商品の紹介や宣伝をしていましたが、豊胸手術を受けていたことが判明し、商品を購入したお客様に返金することに。しかし、支払えるお金が残っていなかったことから、銀座のクラブのホステスやポールダンサーとして勤務し、返金を完済しました。

　一連の行動にアンチは騒ぎ立てましたが、一方でその本気の姿に共感する熱狂的なファンがついたのも事実。今もチャンネル登録者数170万人のインフルエンサーとして影響力は絶大なものがあり、彼女が紹介した商品はよく売れます。

　そういう意味では、炎上そのものは決して悪いものではなく、そこからいかにリカバリーできるかが重要です（もちろん炎上の内容にもよりますが）。

　てんちむさんの例からもわかるように、**「アンチがいないインフルエンサーは熱狂的なファンもいない」**ともいえます。

　先日、オーダーメイドの衣装づくりの仕事で、北海道日本ハムファイターズのビッグボスこと、新庄剛志監督とお会いする機会がありました。

　打ち合わせを兼ねたユーチューブの撮影では、じつに新庄監督らしい言葉が飛び出し、とてもしびれました。

　「最初にアンチをつくるくらいでないとダメ。アンチの人たちの想像を超えた結果を出したところから、一気に世論がひっくり返るんだよ。オレの言動がシーズン前から世間を騒がしているけど、実際シーズンの結果が悪かったら、ただのアホでしょ！」

　とんでもなくリスクテイクしていると同時に、恐ろしく計算している新庄監督の言動。

　出会って5分も経たないうちに大ファンになりました。

たしかに、アンチの人たちは、インフルエンサーの投稿を毎日チェックしては、熱心にコメントを入れてくる。ベクトルは違うけれど、熱量はとても高い。そんなアンチの信用を勝ち取った瞬間、ポジティブな口コミであふれ返ります。**アンチが味方になったときのインパクトは計りしれません**。

　一見、新庄監督は派手なパフォーマンスで世間を煽っているように見えますが、アンチを含めたファンに対して、自分の一挙手一投足に注目させ続けるための戦略だったのです。

　もちろん、これは「言うは易し行うは難し」ですが、新庄監督の言葉からは、「口コミ」を起こすような影響力を発揮するためのヒントが隠されています。

AGAIN／しつこいか

　次は、「AGAIN／しつこさ」です。シンプルなコンセプトですが、しつこいかどうかで熱量は大きく変わってきます。

　一度や二度、投稿したからといって、伝えたいメッセージがファンに届いているとはかぎりません。何度も手をかえ品をかえ、メッセージを伝える必要があります。

　しつこくメッセージを発信することのメリットは2つあります。

　ひとつはファンに「ああ、これを伝えたいんだな」と認識してもらえること。

　もうひとつは、**投稿がフォロワーの目につきやくなること**。

　たとえばインスタの場合、アルゴリズム的にひとつ記事を投稿したからといって、全フォロワーのフィード画面にアップされるとはかぎりません。

　どれくらいアクティブなユーザーがいるかにもよりますが、私の経験値からいっても、一度の投稿で見てくれている人はフォロワーの1〜2割程度という印象です。10万人フォロワーがいても、1投稿はせいぜい1〜2万人にしか見られていないということ。

　発信する側としては、「このメッセージは一度伝えているから、

もういいでしょ」と思いがちですが、肝心のフォロワーには全然伝わっていないことも珍しくないのです。

アメリカのローガン・ポールなど、メガインフルエンサーたちの多くは何度もしつこく、同じメッセージや情報を流し続けています。

当社が携わるブランドも、セールスを強化したいときは、**1商品あたり10回ほどインスタのストーリーをあげています**。それくらいして初めて「推し」だと伝わるのです。

しつこいほど何度も発信することで、ブランドに対する「熱量」を生み出すことができます。フォロワーに「もう、しつこいぞ！」と思わせるくらいでなければ、目には止まっていても、感情には訴えられていません。

ZEST／情熱があるか

投稿を通じて「これが好き！」という熱意を発信できているか。視覚的に写真で伝えることも大事ですが、ときには文章で伝えたほうが心に響きます。

たとえば、マンガやアニメ、スポーツ、変わった趣味などなんでもかまいませんが、オタク的にのめりこんでいるものを、投稿を通じて見せることで、その人のパーソナリティが伝わり、共感が生まれます。

それぞれのブランディングのあり方にもよるので、一概にこれが正解とは言えませんが、**ギャップが大きければ大きいほどファンの「熱量」は高まります**。

たとえば、「現代ホスト界の帝王」としてメディアや実業の世界で活躍するローランドさん。見た目のカッコよさだけでなく、短い言葉で人を魅了する地頭の良さがビシビシと伝わり、常に女性から黄色い声援をもらっているイメージです。

しかし、趣味の話になると、『ラブライブ！』など萌え系描写のアニメについて、何十時間も話せるほどのオタクです。その情

熱の一端を知ったときには正直驚きました。

　しかし、ギャップこそファンの「熱量」につながり、バズを生み出すのです。ローランドさんのファンは『ラブライブ！』に興味をもつでしょうし、逆に『ラブライブ！』のファンはローランドさんに共感を抱くはずです。

　意外性のあることに「情熱」が加わると、とてつもない口コミが起こるのです。

YOURSELF ／あなたのスタイルがあるか

　最後は「YOURSELF ／あなたのスタイルがあるか」です。インフルエンサーには、人としての「スタイル」が求められます。

　ファッションをパッと見てすぐにわかるくらい、独自のスタイルをもっている人ほどファンが増えていきます。

　たとえば、インフルエンサーとしても活動する女性デザイナーは少なくありません。ある人気ブランドのデザイナーは、ファッションの好き嫌いがはっきりとしていて、「私の好きな色はこれ。こっちの色は載せたくない」とインスタに載せる服の色はもちろん、背景の色、フィードの縦横の並びにもこだわりをもっています。

　また、オリーブ、ブラウン、ベージュといった女の子っぽくない色が好きなので、決してインスタ映えする色だからといって、鮮やかなブルーや赤やピンク、淡い色は載せませんでした。カラーにもこだわり、スタイルにも一貫性があったからこそ、ファンの共感を得ていました。

　これとは逆に、どこかで見たことがあったり、自分のスタイルにこだわりがなかったりする投稿からは「熱量」は感じられず、人も集まってきません。

　女性のファッションスタイルは、一般に「かわいい」「キレイ」というイメージが先行しますが、P2Cブランドは、それだけでは厳しいと感じています。**万人受けするスタイルは、際立ちに**

くく、ファンもつかみづらいのです。

　インスタなどSNSの登場によって誰もが世界中の情報にアクセスできるようになりました。日本の田舎に住んでいても世界のファッションアイコンたちが何をしているのかを知ることができます。そんなSNSの世界では、「多少キャラが立っている」くらいでは注目されないのです。

　スタイルはどんどん細分化されています。昔のファッション誌は「Cancam系」「JJ系」「VIVI系」などの赤文字系、原宿テイストの青文字系といった具合にスタイルが分類され、「雑誌のタイトル＋α」くらいに系統は限られていましたが、今は無数に系統が存在しています。

　「○○系」と明確な言葉でカテゴライズ化されることは強みでもありますが、諸刃の剣でもあります。系統ができるということは、そのスタイルに位置付けられる人が複数いる証拠なので、票が割れて、個々の影響力が削がれてしまう傾向があります。当然コピーもされやすくなります。

　理想は、**フォロワーから「この人のスタイルは、よくわからないけれどイケてる。なんだか好き、もっと見たい」というようにカテゴライズできないけれど、興味関心を引き続ける状態をつくることです**。

　なお、インフルエンサーをゼロから始めて、興味関心をもたせるスタイルづくりにはステップがあります。このステップについてはダウンロード付録にてお伝えするので、興味がある方は巻末のQRコードを読み込み、公式LINEからお友達追加してください。

偏りのある人間であれ

　以上が「熱量」を生み出すCRAZYの法則です。

　誰かを熱狂させたいなら、「何かに偏りのある人間である」ことを伝える必要があります。そのこだわりが他人から見て多少変わっていたとしても、それが魅力となります。

私もそうですが、人は誰もが人によく思われたいものです。しかし、**「だいたい何でもできて、敵のいない良い人」では熱狂的なファンは生まれません**。

　リスクを取って自分のこだわりや世界観を伝えることができなければ、所詮そこまでの熱量しかなかったということです。厳しく聞こえるかもしれませんが、これは紛れもない事実です。

　自分自身がインフルエンサーだという人も、インフルエンサーとコラボしている人も、CRAZYの法則を使って「熱量」を生み出し、口コミ（バズ）を起こすことにトライしてみてください。

　きっとこれまで以上に、パワフルな影響力を行使し、多くの人を動かすことができるようになるはずです。

第 5 章

Product

プロダクトなくして
ブランドはつくれない

いい製品には
「売れる理由」がある

「プロダクトアウト」か「マーケットイン」か

これはファッションブランドに限らず言われていることですが、ものづくりは大きく2種類に分けられます。

「**プロダクトアウト**」か「**マーケットイン**」か。

世の中にない製品をつくり、それが話題となり、ムーブメントが起きる。結果モノが売れていく「プロダクトアウト」。

その反対で、ビジネス市場の隙間を見て未来を予測し、最適な製品を市場に合わせて投入する「マーケットイン」。

どちらの方法が正しいかは、時代背景や競合の状況によって大きく異なります。つまり、プロダクトアウトとマーケットインの成否は、そのバックグラウンドによって大きく影響を受けます。

同じプロダクトをつくるという行為でも、P2Cブランドの場合、最初のお客様になるのは間違いなくインフルエンサーのファンです。たとえば、プロダクトアウトであれば、その製品に最も親和性の高いインフルエンサーを起用し、ファンに情熱をもって伝えてもらい、バズが起こる仕組みをつくる。

マーケットインであれば、インフルエンサーのファンの属性やニーズをリサーチしてからものづくりを始め、アンケートやライブなどを使ってどんどんターゲットを絞っていく。

両者はステップこそ違いますが、どちらもインフルエンサーの信用（トラスト）がベースになります。

前章ではインフルエンサーのT（トラスト）について見てきましたが、それだけではP2Cブランドは成立しません。

ブランドを確立するためには、もうひとつのT（トラスト）、つまり「**製品的信用**」を**得るためのプロダクトマネジメントが必**

要になります。

　一発勝負のグッズ販売なら、製品のクオリティが低くても成立するかもしれませんが、ブランドとして育てていくなら、製品の魅力を高めてリピートしてもらう必要があります。「すぐに壊れてしまう」「デザインがありきたり」「値段に見合わない」といった製品なら、お客様は二度と買ってくれません。

「理由」や「エビデンス」があるか

　では、どんな製品なら「いい製品」と満足してもらえるのでしょうか。服の評価をするとき、「生地がつやつやで肌触りがいい」「生地が厚くて丈夫そう」などと表現されますが、この程度ではまだ弱い。このレベルの服は、どこでも手に入るからです。

　もっと明確な理由が必要です。たとえば、「原料からすべて日本製です」「皮膚にやさしい特別な素材を使っています」「速乾性があります」。**「ややいい」「なんかいい」レベルではなく、「〇〇だからいい」という明確な理由があると強い**。この製品の強みをインフルエンサーに語ってもらえば、フォロワーの心に響きます。その際、その理由やエビデンス（データ）もまじえて説明できれば完璧です。

　先に紹介したブランド「88HachiHachi」では、インフルエンサーの五味さんがフーディーについて、ライブ動画の中で次のように語っています。

　「このフーディーは日本製なんです。だから、つくりがしっかりしているし、何よりフーディーが売れることは、地方で服づくりに従事しているおじさん、おばさんのためにもなるんです」

　「洗濯するとフードの部分はなかなか乾かないでしょう？　でも、このフーディーはポリエステルとコットンが半々なので、朝にはさっぱり乾いています！」

　これらは製品の特徴のひとつにすぎませんが、インフルエンサーが熱く伝えると、製品の機能が強調されて強みとなるのです。

失敗するプロダクトの典型例
【インフルエンサー編】

製品がポンコツでは売れない

インフルエンサーがどれだけ集客してくれたとしても、製品が"ポンコツ"ではダメです。

失敗するプロダクトには12の典型的な例があります。「インフルエンサー編」「プロダクト編」「システム編」という3つの観点から見ていきましょう。

①インフルエンサーとのイメージが合っていない

製品とインフルエンサーのイメージが合っているか。製品を認知拡大してくれるインフルエンサーに対して、その製品とデザインがハマっていることが重要です。

たとえば、日頃グルメ情報ばかり発信しているインフルエンサーが、いきなり革の財布を売ろうとしても難しい。イメージがあまりに遠すぎるからです。

インフルエンサーが**「何を売りにしてフォロワーを集めたか」がカギ**になります。

日頃、肌の露出の多い写真で多くのフォロワーを集めているインフルエンサーとタイアップして、男性向けのファッションアイテムを売り出しても反応は薄い。私はこのようなインスタグラマーを"おっぱいグラマー"と呼んでいますが、セクシーな写真に引かれて集まってきたフォロワーの目的は、あくまでも写真であり、ファッションアイテムではありません。

また、一見、イメージに合っているようでもビジネスとしてはうまくいかないケースもあります。

　過去に私は、TTSの原則を無視してファッションコーディネート（着こなし）で30万人のフォロワーを集めているインフルエンサーとブランドを立ち上げたことがありました。

　ファッション分野で集めたフォロワーが30万人のインフルエンサーですからイメージもバッチリのはず。一体どれだけ売れたと思いますか？

　なんと、50枚しか売れませんでした。フォロワーが多く、ファッション分野のインフルエンサーなので期待していたのですが、あくまで着こなしのノウハウが評価されていたのであって、そのインフルエンサーがファッションアイテムをつくる必然性とストーリーが欠けていたのです。

　やはり大事なのは、「**私（インフルエンサー）にはこのイメージがある。だからこの商品をつくった」というストーリーです**。

　逆に、ストーリーさえあれば、イメージと離れた製品でも売れる可能性があります。

　たとえば、日頃ダンスの動画や記事を発信しているダンサーのLilikaさん。彼女は日本トップクラスのポールダンサーとして、NHK紅白歌合戦で大トリを務めた歌手のMISIAさんのステージに出演したり、Official髭男dism、三代目JSBなど人気アーティストのMVにも多数出演したりしています。

　彼女のインスタグラムの投稿からは一見まったく関係のない商品であるデニムを、老舗デニムブランドのサムシングさんとジョイントして仕掛けたときの話です。

　コンセプトは「ダンサーの体型や動きにもフィットするデニム」。凹凸の差が大きいアスリートの体型に合わせて、ウエストは細くくびれているけれどヒップのボリュームはしっかりある。なおかつ穿いたままでもダンスができるくらい、ストレッチがきいているデニムです。

　老舗デニムブランドのサムシングさんがLilikaさんのレベルの高い要望にガッチリ食らいつき、ものづくりをしてくれました。

　その熱心なものづくりのおかげもあり、本来「ポールダンス」

と「デニム」というイメージが離れている2つのものを彼女のファンに伝えることができました。

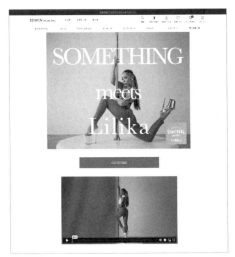

Lilika さんとのコラボ企画

　具体的には、上のようなビジュアルと動画をつくり、デニムのストレッチ性とキレイなボディラインを表現しました。

　たとえインフルエンサーと製品のイメージが違っていたとしても、「自分が、なぜこの製品をつくったのか」というストーリーに整合性があれば大丈夫です。

　製品そのものに信用がある場合は、インフルエンサーが「なぜこの製品をつくったのか」というストーリーをいかに打ち出すかがポイントになります。

　なお、インフルエンサーと製品イメージがマッチしているかを分析するうえで便利なツールがあります。おもに企業のマーケティング担当者や広告代理店などが利用しているのでご存じの方もいるかもしれませんが、「iCON Suite（アイコンスイート）」はとても便利です。

　一部サービスは有料になりますが、特定のインフルエンサーの

フォロワーの性別や年齢、エンゲージメント率（投稿に反応した
ユーザーの割合）などのデータを検索できます。

　たとえば、フォロワーがたくさんついているタレントでも、フ
ォロワーの半分以上が男性だと、女性向けファッションアイテム
を売るのは難しい、という判断ができます。

　とはいえ、これらの情報も100％鵜呑みにするのではなく、コ
ラボするときは必ずテストをしてから始めてください。

②製品販売への情熱がない

　インフルエンサーの投稿や告知に情熱がない場合、フォロワー
たちからの反応が得られないばかりか、逆にマイナスの印象を与
えかねません。

　フォロワーたちが投稿に興味をもたなくなると、製品やサービ
スの認知拡大にもつながらず、販売促進にも効果が期待できなく
なってしまいます。

　インフルエンサーとの契約を行う際は、**インフルエンサーの投
稿や告知に熱意があるかどうかを十分に確認する必要があります**。
たとえば、インフルエンサーが投稿するコンテンツに自身の個性
や特色が表現されているかどうかを確認することが重要です。

　当社でも、契約前にインフルエンサーのリサーチを念入りに行
いますが、販売に対しての熱量や執着力という視点で細かくチェ
ックしていきます。

　たとえば、化粧品メーカーとコラボレーションする場合、イン
フルエンサーが自身で使用していることを前提に、実際に使用し
た効果や感想を投稿することが求められます。そのため、コンテ
ンツの質が低いと、説得力がなく、フォロワーからの反応が得ら
れない場合があります。

　過去にコラボした女性インフルエンサーの例です。フォロワー
数は10万人以上いて、投稿もキレイにまとまっていて、世界観
もできている。商品も一緒にデザインし、「さあ、あとは売れる

だけ」というタイミングでローンチしました。

　しかし、彼女は商品制作の過程をストーリーで数回アップしただけで、ローンチ後もたった一度、投稿しただけでした。結果、販売の初動はパラパラと売れただけ。その後、全然告知もしなくなり、当社には大量の在庫が残りました。

　「なぜ商品の販売告知をしなかったのか」と彼女に聞いてみたところ、「しつこく投稿することは自分のフィードとして美しくない」とのこと。彼女のプライオリティは、**商品を販売することよりも、自分のフィードがどう見えているか**。そこにしか興味がないようでした。

　契約内容はインセンティブ制でしたが、それは彼女が投稿する動機にはなりませんでした。

　もちろん「契約書でストーリーを何回、投稿を何回」などと細かく設定する方法もありますが、細かな契約はやる気のあるインフルエンサーにとっては諸刃の剣にもなり、逆に「何回投稿したから、私の仕事は終わり」と判断されるケースもあります。

　だからこそ、まずは相手の情熱がどこにあるのか、プロダクトに対する熱量はあるか、といったことを見極めてからスタートすることが好ましいのです。

③フォロワーと製品の属性が合っていない

　インフルエンサーのフォロワーと、製品やサービスの属性が合っていない場合、製品やサービスの認知拡大につながらず、販売促進にも効果が期待できません。

　たとえば、ヨガウェアブランドが健康志向の女性向けに開発した新作アイテムを、焼肉やグルメ投稿ばかりアップしているインフルエンサーとともにプロモーションしても、効果は期待できません。

　そのため、インフルエンサーのフォロワー属性を事前に分析し、**製品やサービスの属性とマッチするインフルエンサーを選ぶこと**

__が大切です__。

　なお、インフルエンサーのフォロワー属性と製品やサービスの属性が合っているかどうかは、先ほど紹介した「iCON Suite」などのSNS分析ツールを使って分析できます。

　化粧品メーカーが「30代の女性を中心にしたエイジングケア商品」を開発した場合、当たり前ですが、美容に関する情報を発信するインフルエンサーを選ぶことが望ましいといえます。

　しかし、よくある失敗は、__情報発信の粒度についての認識を間違ってしまうことです__。

　いくら属性や年齢層が合っていたとしても、「何がきっかけでそのインフルエンサーをフォローしているのか」「何がポイントになってフォローを外さずに見続けているのか」など、フォロワーの心理を分析する必要があります。

　これらを理解することなく、フォロワーを目に見えるデータだけで分析してしまうと、あとあと苦渋をなめることになります。

④いきなりセールスを開始する

　インフルエンサーとタイアップを行う場合、あまりにも強引なセールスプロモーションを行うことは、逆効果になる可能性があります。

　フォロワーは、自身の信頼するインフルエンサーが提供する情報を求めているため、露骨な商業メッセージが多いと信頼感が損なわれる場合があります。

　そもそも商品を販売するときは、まずはフォロワーの興味関心を存分に引き出す必要があります。

　「販売する人」と「購買する人」という構図から抜け出すことができなければ、永遠にあなたの商品は競合他社と競り合いを続けることになります。

　これまでのタイアップでうまくいったのは、「インフルエンサーの夢を応援したい」「情熱やセンスを分かち合いたい」「インフ

ルエンサーとつながり合いたい」など共感を軸にフォロワーの興味関心を引き出したケースです。ファッションブランドではありがちですが、「カッコいいもの」「クールなもの」「漠然と可愛いもの」などは驚くほど反応がありません。

　P2Cでは、次のような販売ステップを踏むことが大切です。

①共感を軸とした興味関心を引く
②お客様の生活にどのようなインパクトがあるのかを伝える
③フォロワーから質問が来るまで販売しない

　とにもかくにも、セールスはすぐに開始せず、お客様の「気になる！　欲しい！」という感情をかき立てることが先決なのです。

⑤疑問に答えず、情報が一方通行になっている

　インフルエンサーとのタイアップを行う際には、製品やサービスに関する疑問や質問にも対応することが求められます。

　フォロワーは、製品やサービスに関して知りたいことがあるため、それに対する真摯な回答を提供することで、自社製品やサービスの信頼度を高めることができます。

　だからこそ、インフルエンサーとのタイアップを行う際には、**製品やサービスに関する疑問に答えるQ＆Aの機会を用意することが望ましい**のです。

　できればライブで質問を受けて答える。ライブが難しいようなら、質問を募集して、インスタのハイライト機能に質問の答えをまとめて投稿します。

　投稿上で返信するのはもちろんですが、基本的には1対1のやり取りを、第三者の興味のなかったフォロワーに見せておくことが大事です。ここでの回答の質や真摯な姿勢が新たな見込み客の獲得につながるからです。

失敗するプロダクトの典型例 【プロダクト編】

⑥プライスに対してのクオリティが低い

　製品やサービスを提供する際には、価格と品質のバランスが重要です。プライスに対してクオリティが低い製品やサービスは、消費者からの評価が低くなり、売上も伸び悩みます。

　たとえば、価格が高いにもかかわらず、提供する料理のクオリティが低い飲食店の場合、お客様はリピートすることはありません。また、SNSなどを通じてお客様から批判的なコメントが寄せられることになり、ブランドイメージにも悪影響を及ぼすことになります。

　逆に、**価格が高くてもクオリティが高い製品やサービスは、お客様から高い評価を受け、信頼度が高くなります**。このような製品やサービスは、口コミやSNSなどで広がり、売上も伸びることが期待できます。

　誤解をおそれずにいえば、アイドルグッズ的な製品であれば、その製品のクオリティはあまり重視されません。ロゴや写真が入っているだけでも、タレントとのつながりを感じられるからです。それでファンは満足してくれます。

　アイドルグッズのような製品を単発的に売るのであれば、製品のクオリティは二の次でもよいかもしれません。

　しかし、P2Cブランドを目指すなら、**プロダクト自体に魅力がないと、リピーターが育たず、永遠にブランド化していきません**。

　100円ショップのように、いわゆる「安かろう、悪かろう」の品質でも消費者に支持されるような製品であれば、クオリティをさほど気にする必要はないかもしれませんが、ブランドとして、ある程度、高価格帯の設定をするのであれば、プライスに見合っ

たクオリティが必要になります。

当たり前ですが、どんなお客様も、「騙された。悪い買い物だった」とは思いたくありません。なぜなら、その悪い製品を買った自分自身が「愚か」だと思われてしまうという心理が働くからです。本来は製品に問題があったにもかかわらず……。

そもそもP2Cブランドでは、**ビジネスの構造や規模からいって、低価格路線とは相性がよくありません**。

私は以前、セレクトショップとの企画で、OEMでつくった製品をセレクトショップに卸していましたが、そのときのロットは最低300〜500着で、通常は計2000〜3000着をつくっていました。全国25〜30店舗ほど展開しているセレクトショップだからこそ可能なロットでしたが、ECでは1点300着をさばくのも簡単ではありません。

当たり前ですが、量をつくらないと原価コストが高くなり、販売価格を安くできません。したがって、P2Cブランドの場合は**高付加価値の製品をつくって、それなりに高い値付けにする**。これが、P2Cビジネスで生き残るための価格戦略です。

クオリティで裏切られたお客様は、簡単には戻ってきません。「ブランド＝信用」です。いかに価格に見合ったクオリティを実現できるか。生産管理担当者の手腕が問われるところです。

⑦商品自体の満足度が低い

⑥の商品クオリティの話とも少し重なりますが、アパレルブランドの場合、**付加価値部分を価格に上乗せしすぎるのも危険です**。

実例を挙げましょう。ある子ども服ブランドの企画で、人気のインフルエンサーが来店するポップアップイベント（期間限定の販売イベント）がありました。

イベントは全日満員。大行列ができ、入場規制もしたほどでした。プレスリリースも打っていたので、メディアの取材も多数入っていました。

しかし、インフルエンサーが帰ってからは、ピタリと商品の売上が止まりました。問題はその後で、ECでの発売の反応もさびしい結果となってしまいました。

ファンはがっちりついていて、現場ではよく売れるのに、ECでは全然売れない……。来場した記念の"土産品"として商品が売れても、商品単体を求める人がほとんどいなかったのです。その結果、商品だけの勝負になるECでは売れ行きが伸び悩んでしまいました。

プロの目から見ても、デザインやファッション性はよかったのですが、製品そのものの魅力が乏しかったのかもしれません。また、子ども服で1万円を超える価格帯も不利に働いたのだと想像できます。

インフルエンサーありきの商品を求めるファンと、商品そのものの魅力やクオリティの間に大きな溝があることを実感しました。

こうなってしまうと、継続的かつオートマチックにEC販売することが難しくなります。

⑧売れ筋商品の仕入れ先が1カ所だけ

製品を開発するにあたり、仕入れ先は重要です。

特に、売れ筋商品の仕入れ先が1カ所だけになってしまうと、リスクが高くなります。もし、その仕入れ先から商品が入手できなくなってしまった場合、販売が停止し、"即アウト"になる可能性があります。

たとえば、当社のブランドで人気のワンピースがありました。この製品は2年近くベストセラーとしてブランドの売上に貢献している商品でした。しかし、コロナ収束前の2022年に上海が都市ごとロックダウンされてしまいました。

その影響でワンピースをつくっていた上海近くの工場はすべて機能停止状態となり、ひと月待てど、ふた月待てど、まったく納品されませんでした。おかげで自社ブランドの売上高は30〜40

％落ち込む結果となりました。

トライアルの品番であれば、生産工場を分散する必要はありません が、売上の柱をつくっている品番であれば、**生産拠点をいくつかに分散し、管理していくことがおすすめです**。

また、製品を開発するにあたって、仕入れ先との関係性を構築することも大切です。

仕入れ先とのコミュニケーションを密にし、協力関係を築くことで、製品開発においてスムーズな進行が可能となります。

コロナ禍の前、私自身は年に10回ほど中国の工場や貿易会社に直接足を運んでいました。

もちろん、発注数や経費とのバランスを考えて動く必要はありますが、大きなロットを動かすときは、**直接自分たちの目で工場を見て、現地でコミュニケーションを取ることも大切です**。

仕入れ先との信頼関係を構築しておくと、品質の向上につながりますし、製品の開発時やアクシデント発生時などでも、スピーディな生産が可能となります。

失敗するプロダクトの典型例 【システム編】

⑨デリバリーまでが長い

　お客様のオーダーからデリバリーまでの時間が長いと、購買意欲が失われます。

　特に、結婚式や催事などのために急ぎで探している場合や、早く手元に欲しいという場合には、デリバリーまでの時間が重要な要素となります。

　また、**デリバリーまでの時間が長いと返品率が高くなる**ことは当社のデータでも明らかになっています。

　たとえば、楽天市場においても、デリバリー時間が長くなるとクレームが発生し、顧客からの評価が低くなることがあるため、モール側は出店者に対して、デリバリー時間を短縮するよう要請しています。

　デリバリーまでの時間を短縮する方法としては、物流プロセスの改善をするのはもちろんですが、まずは信頼できる工場に対して安定的に生産できる物量を発注し、生産を管理することが初めの一歩になります。

　製品が日本国内に入れば、ヤマト運輸、佐川急便などの大手配送業者なら、遅くても2日後には日本全国どこにでも配達できます。

　私たちのような中小規模のECサイトでは、「発売は季節に応じて行いたい。納期もそれに合わせたい」というニーズがあります。そうなると、デリバリー期間を短縮する方法としては、倉庫業務や配送業務よりも、工場での生産管理がキモになってきます。

⑩支払方法が少ない

当たり前ですが、支払方法のバリエーションが少ないと、購買できるお客様が限定されることになります。

特に、近年ではクレジットカードや電子マネーなどの非現金決済が一般的になっているため、これらの支払方法を取り扱っていない場合は致命的です。

逆に、現金払いやPayPay払い、コンビニ払い、銀行振込、キャリア決済などに対応していないと、クレジットカードを持っていない層に購入してもらうことは難しくなります。

それぞれ手数料も違うので、**お客様のゾーンに応じて適切な支払方法を増やしていくことは大切です**。

しかし、支払い方法のスキームにはリスクがあることも理解しておきましょう。

以前に私がディレクションしていたレディースブランドでは、代引を支払方法に加えていましたが、「代引き客の10%以上が受け取り拒否をしている」というデータがありました。

代引きはお客様が受け取らないと、再度こちらの倉庫へ荷物が戻され、往復分の送料を負担することになります。

購入者の心理としては、商品を見たときに「欲しい！」と感情が動いて購入したけれど、商品が届くまでの数日間に、支払いの都合がつかなくなったのか、商品自体に冷めてしまったのか、単にお金を払いたくなくなったのか……いずれにしても、そんなに深い理由はないはずです。

特に即完売するような商品は、「欲しい！」という感情が高まり、勢いでクリックすることがあるので、このような事態が起きがちです。注意しましょう。

以前、ZOZO TOWNの「つけ払い」が理由で売上を伸ばしたことが話題になりましたが、支払方法は属性に合わせてトライアンドエラーを繰り返しましょう。

⑪商品の写真や情報が少ない

　ECの商品ページは、優秀な"販売員"でなくてはなりません。

　だからこそ、お客様に対して十分に商品の魅力が伝わるように商品写真を載せる必要があります。

　商品の詳細や特徴を伝えることで、お客様の「利益（ベネフィット）」「安心感」「プライド」を満たしていきます。これにより購買意識が高まり、クリックにつながります。

　「この商品を使用すると（身に付けると）、どんな感情が手に入るのか？」

　「この商品のクオリティは大丈夫か？」

　「生地は安っぽくないか？」

　「サイズは私の体に合っているか？」

　「この服を着ているとどんな視線を受けるか？」

　「間違った買い物をしていないか？」

　このようなお客様の心の声のすべてに受け答えできる商品ページをつくっていきます。なかでも、いちばん情報として必要になるのが、**商品の画像と映像**です。商品の前後だけを写した画像だけでは情報不足で、購買意欲が下がります。

　だからといって、なんでもかんでも画像を載せればいいというわけではありません。「利益（ベネフィット）」「安心感」「プライド」を満たす画像と映像を載せ、それ以外のノイズになるような画像はカットしていきます。

　お客様が欲しい情報と違うものが過剰にあると、情報の取捨選択が面倒になり、クリックすることを先延ばしにしようとします。

　アパレルブランドでは商品の詳細情報を載せることも大切ですが、**イメージを伝えることがなにより大事**だと考えます。

　あなたの取り扱う商品にブランド力や知名度があれば、お客様はそれをめがけて購入してくれますが、スタートアップのブランドや、知名度があまりない商品であれば、その商品ページが伝え

るイメージが大切になります。

　なお、商品ページの文章を書くときには、キャッチコピーや見出し、素材の適正表記にひと工夫を加えたり、第三者の声としてレビューを入れたりすることも重要です。

⑫BtoCのための施策がされていない

　最後に、失敗するプロダクトの典型例として、BtoC（ビジネス・トゥ・コンシューマー）のための施策がされていないことが挙げられます。ここで言うBtoCの施策とは、ズバリ**「楽しくて買いやすい」ページになっているか**です。

　たとえば、これまで直売を行っていなくて卸売り中心だったブランドや、BtoBからBtoCに業態転換してつくったブランド、大手からの別注ベースで運営していたブランドは、特にマインドセットを変える必要があります。

　BtoCへのマインドセットができていないと、あなたのファッションブランドをかっこよく見せたいと思うがあまり、ついついページ自体がシンプルになりすぎたり、トップページの情報量が少なくて推しの商品がわかりづらかったり、商品ページまでの導線がつまらなくなっていたり……といった事態に陥りがちです。

　アパレルのように多品種を扱うECを構築する際は、トップページのスライダー（画像が自動的に切り替わる仕組み）でしっかりと推しの商品を打ち出し、今は何の特集を組んでいるかを認識してもらったうえで、その商品を買うとどれくらい「利益（ベネフィット）」「安心感」「プライド」が満たされるのかを伝える必要があります。

　写真でブランドの世界観を伝え、ワクワク感を抱いてもらうことも大事ですし、「スタッフスタート」などと連携してスタイリングの幅を見せ、いかにお客様に近い商品であるかを伝えることも大切になります。

　ブランドがどのようなポジションを取っているかによってメッ

172

セージのバランスは変わりますが、ブログや動画、インスタと連携して、コンテンツを充実させることもできますし、クーポン施策やポイントシステム、ステータスランク、ワンタイムオファー、アップセル（人気商品をレコメンドすること）、クロスセル（関連商品をレコメンドすること）、リコメンド、チャットボット、レビュー、カスタマーサポートなど、リピートしたくなる仕掛けを用意することもできます。

あなたのブランドがGUCCIやDIORのように知名度があり、お客様が指名検索で購入したいアイテムまでビシッと決まっているようなハイブランドであれば、とことんクールにカッコつける戦略もとれますが、そうでないのであれば、**ふらっとあなたのブランドサイトに訪れたお客様が、初見でワクワクする仕掛けをつくっておく必要があります**。ブランド視点ではなく、あくまでもお客様の視点から見たワクワク感が大切です。

ファッションブランドであればクールでカッコつけるサイトをつくりたくなりますが、まずはお客様を十分に集めて、年間6000万円、月間500万円を売ることができるECをつくってからにしましょう。

特に**カスタマーサポートやアフターフォローは、BtoCビジネスにおいて大切なポイント**になるので、必ず担当者をつけて運営したいところです。カスタマーサポートがしっかりしていると、販売の起点にもなりますし、返品率の減少にも直結します。できるだけ早いうちにメールサポートだけでなく、ラインやチャットでリアルタイムでの対応ができるようにしましょう。

失敗しないメーカー外注 5つのポイント

ものづくりはプロに任せる

当たり前ですが、良いプロダクトを販売するのは当然のことです。

価格に対して製品のクオリティが低く、製品の満足度が低ければリピーターになりませんし、ひどい場合だとクレームにもなります。だからこそ、価格に見合った製品クオリティがなければなりません。

では、自分たちが求めるようなクオリティの製品をどうやってつくればいいのか？

あなたがゼロから知識を得て、がんばってつくることも可能ですが、ものづくりに対して最低限の知識をすでに得ているのであれば、**ジョイントベンチャーがおすすめです**。

もしあなたが職人気質のタイプだと、自分で何もかもものづくりをしてハンドリングしたくなると思いますが、ブランドプロデューサーとしての立場なら、ものづくりは製品をつくるのが得意なメーカーに任せてしまいます。

「任せる」といっても、漠然とすべてを放り投げて「お任せで、よろしく！」というのはNG。しっかりと押さえておくべきポイントがあります。

メーカーに外注する際の5つのポイント

メーカーに外注する際に押さえておきたいポイントについて、順に説明していきましょう。

①価格

製品の仕入れコストと販売価格の差が大きくなればなるほど、利益は多くなるので、仕入れコストは安いに越したことはありません。

しかし、**利益を追ってコストを抑えようとすると、工場との関係性が悪くなる可能性があります**。持続可能性が低くなったり、製品そのものの質が市場のレベルよりも低下したりすれば本末転倒です。

価格は目に見えやすく、わかりやすい基準なので、工場を決定する際の大きな決定要因になりがちです。そのぶん、細心の注意が必要です。

②リードタイム

リードタイムとは、製品作製にかかる納期のことです。

はじめにサンプルを依頼して、その出来がよければ製品の本生産へ入ります。多くのアパレルの工場は、ファーストサンプルができるまでに2〜4週間、セカンドサンプルも2〜4週間、本生産は30〜75日くらいかかります。

ものづくりに慣れていないと、どのデザインにどれくらいの納期がかかるかがわかりにくいはずです。たとえば、カテゴリーは同じシャツだとしても、プリントが入ったり、刺繍が入ったり、ファスナーが付いたりするだけで、すべて納期が変わります。

したがって、**最初に手元に製品が欲しい納期を伝えて、そこからサンプル進行の納期を逆算することが大事です**。

③ミニマム

「ミニマム」とは、最小発注数量を指します。

たとえば、中国の縫製工場の場合、規模に応じて次の4種類に分けられます。

- **極小ロット工場**：1ロット100枚以下のオーダーでも発注を受けてくれる工場（主に10人未満の工員数で、1人でひとつのアイテムを縫製するサンプルメーカー）
- **小ロット工場**：1ロット100〜1000枚程度のオーダーを受注する工場（主に日本向けの製品や、中国国内のD2Cブランドの製品を縫製する）
- **中ロット工場**：1ロット500〜5000枚程度のオーダーを受注する工場（主に日本の大手セレクトショップや量販店の製品を縫製する）
- **大ロット工場**：1ロット3000〜数万枚のオーダーを受注する工場（主に大手SPAやスポーツ・ユニフォームメーカーの製品を縫製する）

このように、オーダー数量によって工場の向き不向きがあります。なかには中ロット工場の中に、5〜10名くらいの工員でひとつの小さなラインをつくり、小ロットや極小ロットにも対応する縫製工場もあります。もちろん、大きなロットになればなるほど、工賃は安くなっていきます。

また面白いことに、服とはいえ工業製品になるので**大きなロットでつくるほうが、小ロットでつくるよりも、製品のクオリティが安定する傾向にあります**。そのため、安さに特化する工場では、とにかく一日で縫い上げる量を多くし、大量生産に対応しています。

④クオリティ

ここで言うクオリティとは「製品の安定度」という意味です。

クオリティはおもにコストと比例するので、不良品率（B品率）の少ない工場は、やはりコストも高くなります。

気をつけたいのは、**日本製だからといってクオリティが高いとは限らない**、ということです。この事実を書かなければいけないのは日本人として切ないのですが、同じものをたくさんつくる工

場のほうが、自然と縫製のレベルは高くなります。

　また、最終検品をするときも、少量のものを検品するときと大量のものを検品するときとでは、関わる工員の数が変わります。縫製なら縫製専門のスタッフが、縫製検品なら縫製検品専門のスタッフがそれぞれ見たほうが、品質管理は厳しくなります。

　これは縫製業務の中でもいえることです。たとえば、日本の工場には1人で1着を縫えるレベルの高い工員さんがいる一方で、大ロットの工場では、まっすぐにしか縫えない工員さんがほとんどです。

　しかし、まっすぐにしか縫えなくても、「毎日襟パーツだけ」「毎日カフスだけ」を縫製しているので、そのパーツについては数カ月間で手が慣れて、縫製が上手になります。

　このようなパーツ別の分業によってひとつのラインをつくり、複数人で1着を仕上げる——これが大ロット工場のつくり方です。これにより、属人化しやすい縫製業務を、作業する人によってクオリティがばらつかないように管理しています。

　したがって、「品質を高めるために日本国内でつくろう」と短絡的に考えると、うまくいかないこともあるのです。

　なお、メーカーに発注する際は、事前に工場と不良品についての取り決めを交わしておいてもよいですが、はじめはこちらの発注数が少ないこともあるので、**取り決めを多くしすぎないことが大切です**。結果的に、コストが割増になることもあります。

　また、不良品率は品番ごと、工場ごとに記録しておくことをおすすめします。

⑤ハンドリング

　ブランドスタート時は、実はハンドリングがいちばん大事なポイントになります。

　「利益を得るために、コストを下げたい」と考えるのは当然です。しかし、コストに気を取られすぎるのも考えものです。発注

時の仕様書を完璧につくり込まないと相手に理解してもらえなかったり、日頃のやり取りに時間を取られてしまったりするのでは、元の木阿弥です。生産管理に関わる時間は目には見えませんが、しっかりとしたコストです。

特にはじめは、工場とのやり取りが慣れていないと、毎回電話で質問に対応しなければなりません。電話は要件がすぐに伝わり、その場で回答が得られるので、ついつい多用しがちですが、通話は記録に残らないので、あとあとミスが起こったときに責任の所在がわからなくなることがあります。

当社では、**縫製仕様書はメールでやり取りして、追加の補足事項はWeChat（中国のメッセンジャーアプリ）かLineで補います**。これにより指示の不透明さをなくしながら、スピード感を失うことなく工場をハンドリングしていくことができます。

どのメーカーとジョイントするのが最適か?

メーカーに外注する際には、以上の5つのポイントをレーダーチャートに落とし込むといいでしょう。いくつかのメーカーに同じ依頼をし、相見積もりを取ることも大事です。

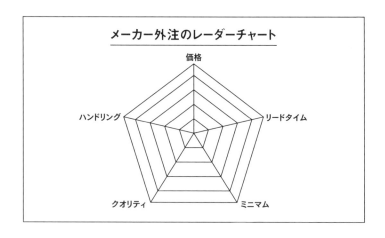

メーカー外注のレーダーチャート

価格
リードタイム
ミニマム
クオリティ
ハンドリング

　5つのポイントにおいて大切なのはバランスです。**どのような
バランスであれば、あなたのチームにとってジョイントしやすい
相手なのか**——事前に確認しておきましょう。

　たとえば、いくら価格が安くても初回のミニマムオーダーがと
ても大きい工場の場合、実績のない商品を依頼するのは危険です。

　また、大きな工場によくあるケースですが、価格もクオリティ
もよいけれど、きっちりとした指示書をすべてつくり上げなけれ
ばオーダーを受け付けてもらえない、ということもあります。メー
カーで働いた経験がないなら、いきなり大工場に指示できる仕
様書を作成するのは困難です。

　未経験者の場合、簡単にハンドリングできるメーカーでなけれ
ば、これらの煩雑な作業に時間を取られてしまいます。

　だからこそ、あなたが今チームに加わってほしいのは、どんな
バランスのメーカーであるかを知っておくことが大事なのです。

　また、アパレルメーカーの場合、「シャツは得意だけれどパン
ツは苦手」「カットソーは得意だけれどアウターは苦手」など、
デザイナーや工場の背景によって得手不得手があります。これら
の特性も把握しておきましょう。

工場のマッチングサービスを活用する

　最近は小ロットでも対応する工場をマッチングしてくれるサー
ビスも増えてきました。

　縫製マッチングプラットフォーム「nutte（ヌッテ）」などを活
用して個人で縫製してくれるところを探すこともできますし、も
っと大きなオーダーであれば「シタテル」や「SDファクトリ
ー」などのサービスで国内の縫製工場を探すのもひとつの方法で
す。

　たとえば、1回のオーダーが100万円を超えるようであれ
ば、依頼できる工場も大きく変わってきます。1ロットが3000枚、
5000枚であれば、中国でも大きめの工場に依頼することができ

るので、コストが大幅に下がります。

　ただ、今の市場を見ると、大きなロットをどんどん回して薄利で販売していくことよりも、**数量は抑えてでも粗利を残し、希少性を高めるビジネスモデルのほうが、インフルエンサーのブランドイメージを守るという意味でもマッチしている**ように思えます。

　もし服づくりについてもっと詳しく学びたければ、「失敗しないメーカーの選び方」を定期的にLINEにてお伝えしているので、巻末のQRコードを読み込み、公式LINEからお友達追加してください。

売れ続けるための
「デイリーマーケティング」

売れ続けるECは「ブランドプロデューサー」で決まる!

デイリーマーケティングのかなめ

　ここまでP2Cブランドの成功法則は、「TTS」と「BIPS」にある、という話をしてきました。

　ブランドづくりは「製作委員会方式」をベースに、「インフルエンサーの認知的信用」と「製品的信用」、それらをつなぐ「ストーリー」の3要素が揃ったとき、初めてブランドが売れると。

　ただ、まだ十分に説明できていない要素があります。

　それは、**日々のマーケティング活動**です。

　いくらインフルエンサーが集客しても、そのお客様が購入・リピートしたくなるような仕掛けが必要になりますし、永くブランドが愛されるような取り組みも重要です。

　このデイリーマーケティングを主導する立場が誰だったか覚えているでしょうか。

　そう、第2章で登場した**ブランドプロデューサー**です。BIPSについて、おさらいしておきましょう。

①日々ECの販売管理をする現場管理者（B：ブランドプロデューサー）

②コンセプトと商品ストーリーを伝える人（I：インフルエンサー）

③他にはない優位性をもった商品をつくる人（P：プロダクトメーカー）

④これら3つの接着剤となるコンテクスト（S：ストーリー）

　これらのうち1つでも欠けると、ブランドは売れなくなります。

インフルエンサーやプロダクトの力で最初は爆発的に売れたとしても、日々の販売管理をおろそかにすれば、間違いなくじり貧になっていきます。

　本章では、売れ続けるブランドを確立するための日々の販売管理＝「デイリーマーケティング」をテーマにお話していきましょう。

チーム内の役割を明確にする

　売れ続けるブランドにするには、インフルエンサー、プロダクトメーカーだけでなく、ブランドプロデューサーを含めた三者のバランスをとることが重要です。

　これら3つの仕事を、チーム内の誰が担当するのか。仕事の棲み分けを決めることも大切です。

　いくつかのP2Cブランドのスタートアップを参考にすると、だいたい、次のようなメンバー構成になっています。

【インフルエンス業務】
　→ディレクター、デザイナー本人、ブランドアンバサダー、
　　PR
【プロダクトマネジメント業務】
　→メーカー、生産管理、MD（マーチャンダイザー）
【デイリーマーケティング業務】
　→ブランドプロデューサー、ブランドマネジャー、マーケター

　必要最低限のポジションは、おもに「ディレクター」「生産管理」「ブランドプロデューサー」の三者ということになります。

　小さなブランドの場合、3つの役割を兼任していることも往々にしてあります。当社のブランドも、それぞれが兼任しながらブランドを運営しています。

　しかし、たとえばディレクターとPRは一緒にできても、デイ

リーマーケティングまで兼任するのは無理があります。ディレクターやPRの仕事はブランドクリエイティブの強化なので、ルーティンの作業も多いブランドプロデューサー（ディレクター）とは使う脳が違うからです。当社もブランドごとに担当のブランドプロデューサー（ディレクター）をつけています。

コミュニケーション力も必要

　インフルエンス業務、プロダクトマネジメント業務、デイリーマーケティング業務を担当する三者は、ブランドのキーパーソンになるので、**コミュニケーションをしっかりとれる状態にしておくことが大切です。**

　最初は勢いでなんとか凌げたとしても、結局はブランド内のコミュニケーションが円滑に取れていないと、永く売り続けることはできません。

　どんな仕事やプロジェクトにも言えることですが、やはり人間関係がベースになります。

　コミュニケーション力は磨いたほうがいいでしょう。よほど傑出した才能があれば別ですが、「あの人は面倒くさい」と思われたら、意思の疎通もままならないですし、次から声がかからなくなります。

　ちなみに、「ブランドプロデューサーの6つの仕事」についてのくわしい解説は、巻末の特典ページからダウンロードできますのでご興味ある方はのぞいてみてください。

2%の頑張りで
売上を1年で2倍にする

「売上」は3つに分解できる

　ブランドプロデューサーの手腕しだいで、ブランドの売上や利益を劇的に伸ばすことも可能です。

　「どうしたら 今より売上が2倍になりますか？」

　こんな相談を受けたことがありますが、大ヒット商品が生まれなくても、**ブランドプロデューサーの地道な日々の施策で売上を大きく伸ばすことができます**。

　まず、「売れない」といっても、どんなレベルなのか。どこの何を見て売れないと言っているのか。ここから探ることが大切です。

　たとえば、売上の金額のことを言っているのであれば、売上金額をつくっている要素を分解することから始めましょう。

　アパレルブランドに携わっている人には釈迦に説法かと思いますが、売上は、次の3つに分解できます。

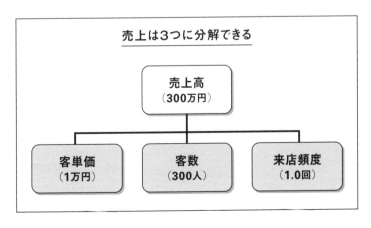

売上は3つに分解できる

売上高 (300万円)		
客単価 (1万円)	客数 (300人)	来店頻度 (1.0回)

この公式を初めて見たという人は、「売上分析」はこの計算式から始めましょう。たとえば、月間売上300万円のお店があるとします。売上300万円を3つに分解すると、次のようになりました。

月間売上300万円＝客単価1万円×客数300人×来店頻度1.0回

この店舗の売上を2倍の600万円まで伸ばそうとしたら、どんな施策を打てばよいでしょうか。

客単価を2万円にするか、客数を600人にするか、来店頻度を2回にすれば、売上は2倍になります。しかし、簡単に客単価を2倍にできるなら苦労はしません。セオリーからいえば、客単価を大きく上げると客数は下がります。

大規模な広告を打って客数を2倍にする、あるいは全員にリピートしてもらって来店頻度を2.0回にするというのはどうでしょうか。どちらも現実的ではありません。

では、どうやって売上を600万円にするのか。ここで、世界ナンバーワン・マーケッターのジェイ・エイブラハムが説く「オプティマイゼーション（最適化）」という方法で考えてみましょう。

売上を2倍にするなら、すべてをちょっとずつ上げればいいのです。先の式の数値をそれぞれ20〜30％ずつ上げてみます。

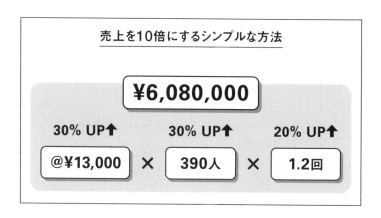

これで売上は608万円になります。

どれかひとつの数字を2倍にするのは現実的ではありませんが、**毎月2〜3％増加させ、1年かけて20〜30％増を目指す**なら、ぐっと現実味を帯びてきます。3つの要素を少しずつ上げていけば、1年後に2倍の売上にすることは決して夢物語ではありません。

アイデアが生まれる3つの質問

ひと言で「売上を上げたい」といっても、「客単価」が低いのか、「客数」が少ないのか、「来店頻度」が少ないのかによって、打つべき対策も変わります。

せっかくなので、あなたのブランドや会社でできそうな施策を考えてみましょう。次の3つの質問に対して、できるだけ多くの施策を書き出してみてください。

質問①：客単価を上げる施策は何か？
質問②：客数を上げる施策は何か？
質問③：来店頻度を上げる施策は何か？

いきなりホームランを狙うのではなく、**確実にヒットやフォアボールで塁に出る方法を考えてください**。1カ月で1〜2％アップさせるくらいの施策でよいのです。

ポイントは、思い浮かんだアイデアは「本当にできるかな？」とためらわずに、とりあえず書き出すことです。

さあ、どうでしょうか。

売上の要素を分解することで、どこに弱点、改善点があるのかがわかります。

解決方法は、ブランドの特性によって異なりますが、山ほどあります。ここではすべて紹介することはできませんが、一例を挙げておきましょう。

①客単価を上げる施策

・セット売り
・高額商品をつくる
・○○円以上お買い上げしたお客様にノベルティ
・限定品にする
・値上げする　など

②客数を上げる施策

・新規クーポン
・フロント商品をつくる
・試供品を提供する
・ニュース性のある商品を開発＆販促する
・コラボ商品　など

③来店頻度を上げる施策

・ポイントをつける
・DMを出す
・リピートクーポン
・メルマガ
・会員割引　など

ECでは「購買率」を重視する

　ここで紹介した売上を増やす方法は、リアル店舗でもEC店舗でも考え方は一緒です。

　本書はECがメインの販路となるP2Cブランドの教科書なので、ECでの売上アップ方法についてもう少し突っ込んで解説しましょう。

　当社の場合、ECでの売上金額は「購入頻度」よりも「購買率」に重きを置いています。

売上金額　＝　客単価　×　客数　×　購買率

　見ての通り、「来店頻度」が「購買率」に変わっています。購買率とは、ECサイトを訪問した人のうち実際に商品を購入した人の割合です。

　たとえば、あなたのECに100人の見込み客がやってきたとします。その100人のうち何人が買ってくれたかを表すのが購買率です。もし100人のうち1人が買ってくれたら、購買率は1％、3人が買ってくれたら3％となります。

　購買率はコンバージョン率（通称「CV」）ともいわれます。横文字にするとカッコいい感じになりますが、結局のところ「お買い上げ率」です。

　なぜEC店舗では、「購入頻度」ではなく、「購買率」を用いるのか。ECの場合、**立地は購入の障害にならず、ひと月に何度も来店してもらうことが可能だからです**。

　仕事の休憩中でも移動中の電車の中でも、寝る前のベッドの中でも、いつでもお客様は店の商品をチェックできます。だから、何人が訪問をしているのかも無視できませんが、100人中何人が買っているのかを知ることのほうが重要なのです。

　また、ECサイトの場合、再来店させるよりも、購買率を上げる施策のほうが難易度は下がります。

　P2CブランドのECで「客単価×客数×購買率」の各数値を上げるときに最も役立つものといえば、やはり**インスタグラム**です。インフルエンサー本人やオフィシャルアカウントの投稿やストーリーを利用して客数を上げることもできますし、リピート施策にも新規訪問数の増加にも使えます。

　もちろんユーチューブやTikTokも強力なツールではありますが、P2Cブランドをゼロから始める場合、インスタグラムに時間やリソースを投入するのがおすすめです。

お客様をつかんで離さない 「クロスSNS戦略」

フェーズごとにSNSを使い分ける

「SNSは何がおすすめですか？」という質問を受けることが多いのですが、答えは目的とフェーズによって変わります。

たとえば、「チームのリソースが不足しがちなゼロイチのフェーズのときは、インスタグラムがおすすめ」ですが、もしコラボするインフルエンサーがユーチューブで影響力を発揮している場合、オフィシャルのインスタグラムはそこまで重要なメディアではありません。

SNSを活用するときは、ブランドごとに目的とフェーズに応じたツールを使うことが最も大切です。目的とフェーズを5つに分けて考えてみましょう。

①認知・集客

TikTok、ユーチューブ、インスタグラムリール、

②顧客教育

インスタグラムフィード、インスタグラムストーリーズ、ユーチューブチャンネル、各種ライブ

③コミュニケーション

インスタグラムDM、公式LINE

④セールス

各種SNSライブ、インスタグラムフィード、インスタグラムストーリーズ、公式LINE

⑤アフターフォロー

　　インスタグラムDM、公式LINE

　もちろん、ブランドの特性や、インフルエンサーがこれまでどのように集客してきたかによって多少のアレンジは必要ですが、フェーズを意識してSNSツールを使うことが大事です。

　TikTokは他のSNSと比べて、おすすめ動画によってバズが起こりやすいアルゴリズムのため、**新規の認知を増やしやすいツール**といえます。したがって、投稿者よりもコンテンツ自体の新規性や面白さ、見やすさが重要で、幅広い認知を起こしてから興味関心をもたせて、顧客教育、コミュニケーションのフェーズにつなげる必要があります。これはインスタグラムのリール機能に関しても同様です。

　ユーチューブにもおすすめ動画はありますが、TikTokと比べると映像の尺が長いので多くの新規に知ってもらうことよりも、深く知ってもらうことに強みがあります。情報の浸透度がTikTokやインスタグラムリールに比べて深いので、セールス時のコンバージョンに大きな違いが出ます。だからこそ、**顧客教育のフェーズに圧倒的に向いているツールです。**

　これまでの当社の統計データから言えるのは、**インスタグラムだけで教育した場合と、ユーチューブも使って教育した場合のお客様のコンバージョンは3倍以上変わってきます**。やはり静止画よりも動画のほうが影響力はあり、特にユーチューブの場合、情報の透明性を上げることができるので、その情報の信憑性も増します。結果、セールス時に信用、信頼をすでに獲得しているので高いコンバージョンにつながるのです。

お客様とのコミュニケーションの場をつくる

　コミュニケーションが目的のときは、インスタグラムDMや公

式LINEが効果的です。各SNSを通じて、お客様が深く商品に興味関心をもつようになると、いよいよ自分がリアルに商品を使ってみることを考え始めます。この段階で「自分ごと」になるので、使い心地や自分が持っている商品と何が違うのかなど、疑問や不安が生まれてきます。**これらを解消するために、お客様とコミュニケーションをできる場所をつくっておくことが大切です。**

　ユーチューブやTikTok、インスタグラムのフィードにもコメント機能があるので、やり取りはできますが、1on1のコミュニケーションではないことと、コメントがフィードに付帯するのですぐに流れていってしまうことがネックとなります。お客様の個別の疑問や不安を解消するにはやや不便なので、直接やり取りできるインスタグラムDMと公式LINEが最適なツールといえます。

　セールスのフェーズで圧倒的にパフォーマンスが高いのが、各種ライブ機能です。当社のブランドでは、**発売のタイミングでライブをして、発売前の高揚感を共有してもらいます**。また、そこで生まれる疑問に対してリアルタイムで答えていきます。

　ライブを発売時間と同時に行うことによって、ライブ中に「今買ってきました！」などのポジティブなコメントが入るので、視聴している他のフォロワーにも良い影響を与えられます。

　ライブには細かなテクニックが多数あります。付録で説明するので「即売上をあげたい」「安定的に売上をつくりたい」と思っている方は巻末のQRコードを読み込み、公式LINEからお友達追加してください。

　アフターフォローに関してはコミュニケーションのフェーズと同様で、購入後の疑問や不安を直接やり取りできる仕組みがあると、お客様は安心します。このやり取りを通じてリピート購入してもらうきっかけをつくります。

第 7 章

Trend

アパレル業界の未来を
予測する

「透明性の高さ」が支持されるアメリカのブランド

元祖D2Cブランド「ボノボス」

第3章でP2Cブランドを立ち上げ、育てようと思うなら、トレンドを理解したうえでコンセプトを練ることが重要だと述べました。俯瞰的な視点からブランド戦略を考えるためにも、本章では、ここ数年の間に起こっている世界のトレンドについても見ておきましょう。

現状、日本のD2CおよびP2Cブランドには、ユニクロや無印良品のように世界規模で展開しているところはありません。

一方で、世界に視野を広げると、欧米には世界規模で成長しているD2Cブランドがごろごろ存在します。

どうしてアメリカのD2Cモデルはスケールがデカイのか――その理由を探るため、2021年、コロナ禍の最中、私は語学留学を兼ねてニューヨークに滞在していました。毎週足がつりそうになるまで、マンハッタンやブルックリンを歩き続け、アメリカのD2Cモデルを研究しました。

その結果わかったのは、**ニューヨークのD2Cブランドが成功する理由の半分はブランドコンセプトにあるということです**。時代感をバシッと捉えて共感を得る。これができているブランドはやはり人気があります。

日本と比べてアメリカのD2Cブランドには歴史があります。たとえば、2007年に設立された"元祖D2Cブランド"が「BONOBOS（ボノボス）」。

「当ブランドは店頭で買えません、買うならECでお願いします」というスタイルを打ち出した最初のブランドと言ってもいい

でしょう。豊富なスタイルやカラーのチノパンを安価で販売し、価格破壊を起こしました。

リアル店舗にはチノパンを何十色も揃えているけれど、店頭では試着だけ。「売らないお店」と呼ばれて、当時話題を集めました。

ニューヨークの店舗を訪ねましたが、パワーがなく、ディスプレイも昔のラルフローレンを目指したときのVMD（ビジュアルマーチャンダイジング）のまま。どことなく漂う、新ネタの乏しさ……。一世を風靡したチノパンの存在が大きすぎて、昔取った杵柄の状態から抜け切れていない印象です。

アメリカを代表するD2Cブランド「エバーレーン」

D2Cブランドの老舗といえば、「Everlane（エバーレーン）」も忘れてはいけません。こちらは、2011年創業のサンフランシスコ発のEC特化型のブランドです。

エバーレーンが秀逸なのは、ブランドのストーリーにあります。「徹底した透明性」を理念に掲げ、それぞれの製造工場との出合いに関するストーリーを紹介するほか、それぞれの商品でかかっている材料費から人件費、出荷コストに至るまでの製造原価を公開しています。つまり、「この服は○○の工場でつくっていて、コストはこれくらいで、当社はこれくらいのベネフィットを得ている」と開示しているのです。たとえば、「このパンツは原価3300円。伝統的なブランドは1万6800円で販売するところを、エバーレーンは8700円で販売している」という具合です。

その透明性の高いモデルが話題を呼び、お客様の信頼を獲得しました。

エバーレーンはアメリカに数店のリアル店舗を構えていますが、マンハッタンにある路面店を訪ねたことがあります。すると、まさかの入場制限。コロナ禍にもかかわらず、長蛇の列ができていました。人気に火がついてから、しばらく経っているはずなのに

……この状況には驚きました。

　後日、ブルックリンの路面店にも足を運びました。こちらは大きなガラス張りから店舗内が丸見えになっており、外観からもブランドの透明性が伝わってきます。驚いたのが製品のクオリティで、縫製も生地も他の同価格帯のブランドと比べたら頭ひとつ抜けていました。

　製品の見せ方も上手です。ベースのデザインはベーシックで、日本のアパレルでたとえると、ユニクロに近いものがあります。ユニクロとジル・サンダーがタッグを組んだ「＋J（プラス・ジェイ）」（ユニクロの約2倍の価格帯）くらいの生地感で、値段は「＋J」よりも安いレベルです。それでも2020年には、年間4000万ドルの規模まで売上を伸ばしています。

　ニューヨークではECはもちろんのこと、路面店もウケています。B2Cブランドはベーシックかつシンプルな店舗が多いのですが、エバーレーンの路面店はファッション性の高いビジュアルを打ち出しています。現代の若い女性から共感されやすい軽やかで健康的な色っぽさがうまく表現されています。

　何より驚いたのが、お客様がオシャレであること。アメリカの地方から来た人や観光客だけでなく、しっかりニューヨークの若者が足を運んでいる様子です。

　こうした客層こそが、ボノボスなど従来のD2Cブランドとの決定的な違いです。特にアメリカの場合、若者の人口が高齢者よりも多い。若者の市場規模が成長していることは、エバーレーンにとって大きな強みとなるでしょう。なぜなら、**アメリカのミレニアル世代やZ世代はブランドの透明性や社会問題への意識が高いからです**。アメリカの教育やSNSの影響が大きいと思われます。

　透明性の高い経営をしているエバーレーンのようなブランドは、今後も若者の支持を集めると予想できます。

アメリカのD2Cブランドが大きくなる理由

市場規模が違いすぎる

　では、なぜアメリカのD2Cブランドは、どデカくスケールするのでしょうか。逆を言えば、なぜ日本のD2CやP2Cブランドは、アメリカのようにスケールしないのでしょうか。

　その理由は3つあります。

　1つめは、**スタートの時点で世界をターゲットにしていること**。

　アメリカのD2Cブランドの多くは、当然ながらECサイトの表記が英語です。英語というだけで、情報の受け手が日本市場の何倍にも膨れ上がります。

・世界の英語圏の人口：約15億人
・日本語圏の人口：1億2000万人

　単純計算で、可能性は10倍以上です。この時点で、英語を母国語とするアメリカのブランドは圧倒的に有利なのです。

　もちろん、アメリカのブランドは英語だけではなく、決済システムや配送についても世界対応です。こうしたシステムに加えて、インスタという世界基準のアプリが強力なマーケティングツールとして登場しました。インスタを使って告知し、インスタのDMでお客様とのタッチポイントを増やす。マーケットは世界に広がっています。

　「日本のブランドも世界を相手にすればいいじゃん」と思うかもしれませんが、現状では、日本発で最初から世界販売している例はまれです。

　「日本で売れたから、いよいよ世界へ」というモデルは、ユニ

クロや無印良品の例があります。しかし、ユニクロも無印良品も店舗がメインで、ECがブレイクしているわけではありません。

　現在、海外市場に展開している日本のブランドには、中堅規模だとレディースブランドの「バロック」など、もう少し規模が小さいところだと「45rpm」など、さらに小さくなると「#FR2（ファッキンラビッツ）」などがあります。

　これらのブランドも世界で立派に戦ってはいますが、日本国内の売上と比較すると、まだまだ海外での売上は小さい。

　実際、日本国内で何百億円規模で販売していても、海外ではその10分の1を売ることさえ難しいのです。

　いちばんの理由は、「軸足が日本にある」というのが大きい。やはり、ゼロからブランドを始めるときは、日本向けに絞ったほうがスタートしやすいのは事実です。インフルエンサーを起用するにしても、日本に軸足を置いているなら、やはり日本人のインフルエンサーを探すことになる。日本人のインフルエンサーだと、どうしても日本人のフォロワーが多くなります。

　商品をつくるにしても、海外のどこの国かわからない人をお客様にするより、よく知っている日本人のお客様に向けたほうが動向も読みやすいのです。

　マーケットインの発想で考えれば考えるほど、日本市場で勝負したほうがお客様のニーズに合ったものをつくれますし、売上がつくりやすいのです。

　しかし、皮肉なことですが、日本で売りやすいことが「弱み」になります。

　当たり前の話ですが、日本のECでは日本語が表示言語として使われています。もちろん多くの外国人は日本語を読めません。グーグル翻訳を使っても、まだまだとんちんかんな翻訳になることが多い。海外との決済方法や配送、返品などにもハードルがあります。

　こうした事情から、よほどの日本好きでもない限り、わざわざリスクをとって日本のECから購入する外国人はいません。

　だから、当社のブランドの多くもそうですが、まず売りやすい日本国内の市場からローンチすることになります。しかし、**日本国内向けに売りやすくするほど、海外では売れないサイトになっていきます**。たとえば、私たち日本人が、中国のオンラインモール「淘宝網（Taobao）」で買い物をすることを想像してみましょう。いくら画像がしっかり載っていても、中国のサイトで買い物をするのは難しいと感じるはずです。

　たかが言語ですが、日本のブランドを世界展開しようとすると、その壁はとても高く感じます。

　ある程度、日本で売れてからサイトを海外向けに改修するのもリスキーです。今度は国内市場のお客様が離れていく可能性もあります。

　したがって、P2Cビジネスをスケールしたければ、**スタートする時点から世界基準でローンチして、資金が尽きる前に高速でPDCAを回して損益分岐点を超えることが求められます**。

　サクッと書いていますが、これまでの日本のアパレルを見る限り、これをやり遂げるのは並大抵のことではありません。しかし、そこを乗り超えれば巨大な市場が待っています。

投資してもらえるブランドの条件とは？

　なぜ、アメリカのD2Cブランドがどデカくスケールするのか。

　2つめの理由は、**インベスター（投資家）がいることです**。

　アメリカのD2Cブランドには投資家がついています。一方、日本発のP2CおよびD2Cブランドが大きくならないのは、インベスターが少ないから。

　アメリカに比べると、日本のブランドには投資が集まりづらい。これは、ファッションブランドに限ったことではなく、ITやウェブサービスにもいえることです。

　大前提として、ファッションブランドは、英語圏や中国語圏のような大きな人口マーケットに進出しないとスケールしません。

投資家の気持ちになって考えてみてください。

　お客様の人口が「1億人」VS「15億人」。どちらに投資したらリターンが多くなりそうですか?

　当たり前の話ですが、投資する立場なら一目瞭然です。だから、日本向けのビジネスに投資する会社自体がとても少ないのです。

　ベンチャーキャピタルの年間投資額(2022年、ベンチャーエンタープライズセンター調べ)を見ても、日本の投資額の少なさは際立っています。

・日本　　　　2500億円弱
・アメリカ　　約21兆円
・中国　　　　約8兆円以上

　日本とアメリカでは、約84倍も差があります。これだけ差があれば、ファッションブランドへの投資額も桁が違ってくるのは当然です。

　アメリカではサステイナブルをコンセプトにしたファッションブランドにも投資が集まります。実際にニューヨークで活躍するベンチャーキャピタルの関係者に、「なぜ、サステイナブルなファッションブランドに好んで投資するのか?」と質問したことがあります。すると、次のような答えが返ってきました。

　「鉄鉱石や石炭、石油と並びファッションは環境に害がある産業だと思われているので、ブランドがそこに対応してない場合、下手すると数年で資産価値がゼロになるという危機感を投資家はもっている」

　将来、ファッションも今の石炭のような世論の扱いになりかねないので、ファッションにはこれまでと同じような投資はできない、というわけです。

　ファッションブランドを手がけている私の立場からすると、石炭や石油と同じくらい環境に害があると見られていることにショックを受けました。ただ、事実として地球の環境に負担をかけて

ビジネスを行っているのはたしかです。

　だから、最低でもサステイナブルでSDGsに取り組んでいるブランドでないと投資家に価値を感じてもらえないわけです。

　欧米の投資家がエバーレーンのようなブランドに投資するのは、透明性に加えて、「環境にやさしい」「工具にやさしい」「貧困をなくす」といったSDGsにのっとった経営をしているからです。

　自分たちのビジネスは世の中の役に立ち、かつ地球にとってよいものか——アメリカのD2Cブランドの場合、投資家やファンを集めるために、この問いを立脚点にスタートしているといえます。

　一方、日本は投資規模が圧倒的に小さいので、「地球によいことをしてくれそう。イメージがよいから投資しよう」というだけでは投資には結びつきにくい。

　だから、銀行の融資に頼らざるを得ませんが、その場合、「利益はいつ、どのくらい出るか？」が重要視されます。一般に日本のスタートアップは3年以内に自走することを求められますが、アパレルも創業から3年で相当売れていないと存続は難しい。これをクリアできるのはほんの一部で、さらにサステイナブルブランドの場合は日本のサステイナブル市場が小さいので、ますますハードルは高くなります。

資金が集まるファッションブランド5つの共通点

　ニューヨークの街をリサーチしてわかったのは、投資家からお金を集めて、世界に向けたビジネスをしているファッションブランドには、次の5つの共通点があることです。簡単に、それぞれ説明していきましょう。

①社会貢献している

　イケているD2Cブランドは、売上の一部を寄付するのはもちろん、社会的に弱い者へのサポートを必ずブランドメッセージに含んでいます。むしろ、それがなければブランドをスタートする意

味がないという認識です。

②地球にやさしい

CO_2の排出量の抑制や水の使用量の制限、リサイクル素材や再生繊維の使用を実行するほか、肥料や排水にも気を使い、地球にダメージを与えないものづくりをしています。

③企業に透明性がある

多くのイケているD2Cブランドは上場しているわけでもないのに、社内のPL（損益計算書）、BS（貸借対照表）といった財務諸表をホームページで公開しています。働いているスタッフの声も公開し、企業の透明性を打ち出しています。

④商品の情報化

商品はあくまでお客様が困っていることを解決するもの。この前提に立ち、商品はブランドメッセージを伝えるための手段になっています。

⑤感情を動かすビジュアル

ブランドは、ビジュアルが弱いと新規客のフックができません。そのため、インスタグラムの運用は必要不可欠で、ブランドメッセージをビジュアルにして、しっかりとファンの心をつかんでいます。

以上の5つは、日本のP2CおよびD2Cブランドがスケールするうえでも、キモになる要素といえます。

「サステイナブルブランド」は世界のトレンド

環境にやさしいけれどオシャレ

ロサンゼルス発で急成長を遂げているアパレルのD2Cブランドに「Reformation（リフォーメーション）」があります。サステイナブルをブランドコンセプトとしていることや、テイラー・スウィフトやメーガン妃など海外セレブなどが着用していることから注目を集めています。

リフォーメーションは、もともと余った生地や在庫生地、デッドストックの生地を使った商品でブランドをスタートしました。**「サステイナブル素材だけど、オシャレは諦めない」**というスタイルで20〜30代の女性から支持を集めています。「ファッションの持続可能性への影響の約3分の2は、服が実際につくられる前の原材料の段階で起こる」という考えにもとづき、素材の調達に対して独自の品質基準を設けるといったスタンスが共感を呼び、ビジネスの規模も拡大しています。

ニューヨークに行ったときに、実際にショップで商品を見たことがありますが、クオリティとブランドビジュアルはエバーレーンと比べると、完成度が低いというのが率直な感想です。とはいえ、サステイナブルブランドながらボヘミアンとロックとナチュラルを程よく合わせたスタイルは新鮮です。

ニューヨークの若者は「地球にやさしい」ブランドのためなら並んでも購入する。なぜなら、そのコンセプトだけでなく、デザインもカッコいいから。エコやSDGsを打ち出したブランドは、日本だとデザインは二の次になりがちですが、アメリカのサステイナブルブランドはデザイン的にもイケています。

他にもアメリカにはオールバーズ（再生素材からつくったスニ

ーカー）などSDGsを意識しているブランドが多いのですが、デザイン面でもクールなところが大きな強みになっています。

環境意識の高いブランドは百貨店が放っておかない

　日本でもサステイナブルという言葉が使われ始めてからしばらく経ちますが、正直、いまだにサステイナブル市場が切り開かれている実感はあまりありません。

　電通が公表している「SDGsに関する生活者調査」という調査データがあります（2023年5月12日）。

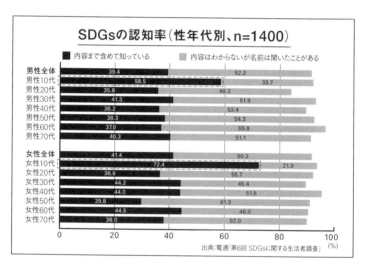

SDGsの認知率（性年代別、n=1400）

出典：電通「第6回 SDGsに関する生活者調査」（%）

　日本国内でどれほどSDGsが意識されているかを年代別に示した結果です。SDGsの認知率は、2018年の調査から11倍以上に増加し、SDGsに対する問題意識が高まっていることが読み取れます。特筆すべきは、10代の認知率が大きく上がっている点です。

　「学生・主婦・会社員」の3つの属性に分けた意識調査でも、日本の10代の学生のSDGsに対する意識の伸び率には目を見張るものがあります。この背景には、今の日本の学生が、SNSや学校の

授業でSDGsについて学んでいることがあります。

　これらから言えることは、**社会問題や環境への意識は若者世代のほうが高く、将来的に、若者からこうした問題に対する警鐘が鳴らされる**と予想できます。

　一方、ニューヨークに滞在して肌で感じたことですが、アメリカの若者にはサステイナブルやSDGsを意識している層が年々増加しているようです。「社会に対して企業がどう関わろうとしているのか」、つまり社会における企業のあり方に注目している若者の割合が日本と比べて高いと感じています。

　たとえば、私がニューヨーク留学で通っていた英語学校でも、テキストの内容は半分以上が社会問題についてでした。そして、授業では社会問題について各国の生徒たちとディベートします。アメリカの学生たちは、小学校からこのような授業を受けているそうです。子どもの頃から授業で社会問題に取り組んでいるアメリカでは、20代でも社会や環境への意識が高いのは当然といえます。

　アメリカでエバーレーンのようなサステイナブルをコンセプトにしたD2Cブランドが若い世代にウケているのは、こうした教育環境にも理由があるようです。

　アメリカは大量消費社会ですが、サステイナブルブランドに若者が行列をつくります。アメリカは若い世代の人口ボリュームが厚いので、環境に意識が向いている層が一定数いるのでしょう。

　そのため、**欧米ではSDGsなど社会問題への意識が高いブランドは、まだ小さな規模でも百貨店が放っておきません**。「無料でもいいから出店してほしい」と頼み込むほど。時代の流れに置いていかれないようにするためです。

　ここ数年で、日本でも若い世代の新しいブランドが百貨店に出店するようになりましたが、あくまでも「売れているから」というのがいちばんの理由に思えます。しかし、今後は「ESGに対してどう取り組んでいるのか」ということも百貨店に選ばれるブランドに必要な要素になりそうです。

「サステイナブルブランド」が日本でブレイクしない理由

「地球にやさしい」はコストがかかる

では、日本の消費者に目を向けると、どうでしょうか？

結論からいえば、**環境問題や社会問題よりも「値段」がいちばんの購買動機になっているのが現実です**。

「地球にやさしい服」と「財布にやさしい服」。この2つが並んでいたら、多くの日本人は後者を選びます。現に、日本のアパレル市場はユニクロ、ワークマン、しまむらの3社で1.5兆円もの売上があります。大手セレクトショップの「ユナイテッド・アローズ」「ビームス」「ベイクルーズ」の3社の売上を足しても4000億円にもならないことを考えると、低価格品の市場がどれだけ大きいかわかります。

ちなみに、私は自分で服をつくる立場なので、ユニクロやワークマン、しまむらでは買い物をしません（これらのブランドが嫌いなのではなく、職業人としてのプライドの問題です）。

しかし、アパレルに関係のない仕事をしていたら、きっと全身ユニクロを買うと思います。休日はワークマンプラスの服を着てキャンプ場へ行き、IJを着て贅沢な気分に浸っていたでしょう。

これはアパレルに限った話ではなく、100円ショップでも同じです。とにかく日本のマーケットには安くて、品質のよいものが多い。外食も安くてうまいものだらけで、世界最高峰のコストパフォーマンスです。だから、結局安いものが選ばれて、さらに、また安くていいものが市場に投入される。このループがずっと続いています。

一方、**地球にやさしい服はコストがかかります**。たとえば、リサイクルのコットンは新品に比べて着心地は悪く、発色も悪い。

コストも約40％高くつきます。安くていいものが選ばれるのは当然です。

「安くて、品質がよくて、何が悪いんですか？」と思うかもしれませんが、たしかに短期的に見れば財布にもやさしいし、企業の売上もあがる。

ただし、安いものは大量生産せざるを得ないので、資本勝負になって大企業がさらに大きくなります。需要よりも供給が多くなると、モノ余りになり、また商品の価格が下がる。大企業ばかりが大きくなると、いずれ社会的な格差が広がります。そうなれば、低収入の人は安いものに飛びつかざるを得なくなる。これを繰り返すことで、中国をはじめとする生産国へお金が流れていきます。

そんな状況下で、近年は国際問題などから物価の上昇が上がり、ますます低収入の人の生活は苦しくなっています。

日本のアパレルブランドが向き合うべき問題

ここ数十年の間、日本の商社は世界中の貧困国に進出し、安くつくれる工場を探してきました。最たる例が、中国ウイグル地区の強制労働者が低賃金でつくっていると怪しまれているコットン工場です。商社は、それらの工場を日本で販売店舗や流通網をもつ企業にマッチングさせてきました。

こうした今の日本のビジネス構造が簡単に止まるとは考えられませんが、世界のどこかで月1万円以下の収入で日本のホームレスより酷い生活を強いられている人がたくさんいるのも現実です。こうしたやり方は、地球の寿命を加速度的に縮めています。

アパレルブランドもこうした社会問題と無関係ではいられません。今後も同じようなビジネスを続けるのか、それとも、どれだけ安くて質のよいコットンでも強制労働でつくられたものは仕入れないよう徹底するのか。どちらのあり方が正しいのかがわかるには、もう少し時間がかかりそうですが、アパレルブランドに携わる人なら、誰もが考えなければいけない問題だと思います。

「P2C×サステイナブル」
の可能性

日本で産声をあげたサステイナブルブランド

　未来の世界がどうなるかは誰にもわかりませんが、今のところ、欧米を中心にサステイナブルやSDGsがキーワードとなり、人や地球にやさしい環境をつくろうというのが時代の大きな流れになっています。

　日本でも、まだ大きなトレンドにはなっていませんが、サステイナブルブランドが産声をあげています。

　たとえば、PLASTICITY（プラスティシティ）は、ビニール傘の廃素材からバッグなどをつくっているブランド。環境問題が近い将来に解決されるという思いを込めて **「10年後になくなるべきブランド」** というコンセプトを掲げています。

　一般に「環境にやさしい」と謳ったブランドは、デザインやファッション性が二の次にされがちですが、PLASTICITYの場合はモード系のデザインで、ファッションとしてイケています。最初にデザインで付加価値を出したうえで、「実はビニール傘」というコンセプトを後出ししている点も好感がもてます。

　また、ナプキンを使わない吸水ショーツを販売する「Nagi（ナギ）」は、「あなたを自由にする下着」をコンセプトとしたブランド。フェムテック（女性が抱える健康の課題をテクノロジーで解決できる商品）のブランドとしても注目されています。

　ダイバーシティや貧困問題など、サステイナブルにはさまざまなアプローチがあります。しかし、私の勝手な推測ですが、今の段階では、日本でサステイナブルをコンセプトにしたブランドは **「小規模な実績は出せても、大きな潮流はつくれない」** と見ています。

　なぜなら、日本は他国と比べて、次の2つの特徴が際立っているからです。

・若者世代の人口の激減
・30年近く続いているデフレによる安物市場

　ただし、未来のことは誰にもわかりません。日本が移民を積極的に受け入れるようになるかもしれませんし、実際、物価が上がり、インフレの兆候も見られます。もしかしたら、貧困国でのものづくりに税金が課せられる可能性もゼロではありません。

　もしそうなれば、日本でもテレビなどのメディアで毎日のように取り上げられるようになり、サステイナブルへの流れが一気に加速するかもしれません。

　若者の環境意識が世代を超えて上の世代に浸透していく可能性もあります。"おっさん"や"おばはん"発のトレンドはきわめてまれです。たとえば、最初ユーチューブを頻繁に見ているのは若者世代でしたが、上の世代も動画の便利さや面白さに気づき、がらりと評価が変わりました。同じように**SDGsも若者から"逆流"していくかもしれません**。

「サステイナブル×インフルエンサー」の可能性

　少なくともここ10年くらいのうちに日本人の意識も変わっていくと思います。「グルテンフリーのお店でしか食べない」という人や「チョコレートの産地は？」「生産者の労働環境は？」といった部分に注目する人が増えていくでしょう。

　そうなれば、アパレル業界だって無関係ではいられません。サステイナブルなブランドが続々誕生し、世界的にスケールする可能性もあります。

　長い目で見れば、サステイナブルブランドは日本でも存在感を増すのは間違いありません。これまでの大量生産・大量消費のや

り方は、いずれ行き詰まるでしょう。

　今のところ、当社ではサステイナブルは日本人には響かないので、意識的に手がけてきませんでした。実際、再生繊維を使っているブランドも売ってはいますが、前面には押し出していません。

　ただ、P2Cブランドは、インフルエンサーの影響力しだいで結果が変わってくるのが面白いところ。**もしSDGsに強いこだわりをもっているインフルエンサーが、多くの人に届くストーリーを情熱的に語ることができれば、サステイナブルブランドでも勝負できるかもしれません。**

　実際、欧米にはサステイナブル文脈のインフルエンサーが多く、影響力を発揮しています。たとえば、レオナルド・ディカプリオのようなセレブが、トヨタのプリウスに乗っているとニュースになり、「いいね」がたくさんつきます。

　P2Cはサステイナブルブランドと相性がよいといえます。SDGsに強く、世界に向けて発信できるインフルエンサーと組めれば可能性はあります。

P2Cなら海外市場でも勝負できる

　私と同じ40代より上の世代になると、「世界の市場を相手に服を売る」ことに大きな壁を感じるかもしれませんが、**今の若者はSNSを通じて普通に世界とつながっています。**

　中学生の私の娘は料理が好きなのですが、外国人が料理するユーチューブの動画をよく観ています。娘にとっては参考になるなら、もはや住んでいる国の距離も、国籍も意味をなさないのです。

　デジタルネイティブ世代は、当たり前のように世界中の人のSNSを見る一方で、逆に自分のSNSが世界中の人から見てもらえる環境にあります。日本の将来を悲観視する大人はたくさんいますが、「この外国人が使っている調理器具がほしい」と言う娘を見ていると、若い子の未来は案外明るいかもしれない、と思わされます。

　ITテクノロジーはどんどん発展し、メタバースなど新しい空間も生まれようとしています。若い世代の「お金の稼ぎ方」は、旧世代の常識を超えて変わっていくかもしれません。

　私は、21歳のインフルエンサー「まきとん」さんとコラボしてブランドを立ち上げました。彼はインスタで43万人、ユーチューブで15万人のフォロワーをもつインフルエンサーで、男性のメイクアップやスキンケアの動画で人気を集めています。ひとたび投稿すると、「いいね！」やコメントが万単位になるほどで、世界中にフォロワーがいます。そのフォロワーの半分がフィリピンやベトナムなどアジア圏とアメリカであるのが特徴です。

　先日、彼のフォロワーに向けてTシャツを販売しました。最初から世界に向けて日本発のブランドを仕掛けるのは、私としてもはじめてのチャレンジでしたが、結果は購買の25％が海外からのオーダーでした。

　購入者の4人に1人が海外から——。日本の商品はこれまで中国や香港、台湾では受け入れられてきましたが、アメリカやドイツなどのヨーロッパから直接オーダーが入ってきたことに驚きました。これまで20年以上ファッションビジネスをやってきた私にとっても、興味深い数字でした。

　これまで海外のお客様に商品を販売しようとすると、パリやアメリカの展示会に出展して、各国の小売店のバイヤーのお眼鏡にかなって初めて、商品を流通させ、海外のお客様の手元に商品を届けることができました。このような展示会システムがおもな方法だったのです。

　しかし、**Z世代の21歳にはその概念は関係ありません**。自分たちがフォローしているインフルエンサーがどこの国にいても、インスタグラムやユーチューブで紹介した商品が欲しいと思ったら、オーダーしてくるのです。ひと昔前なら小さなブランドが世界に向けて服を販売するなんて考えられなかったことです。

　まきとんさんがユニークなのは、**海外のフォロワーと当たり前**

のように**SNSのDMでやりとりをしていること**。類は友を呼ぶといいますが、フォロワーが多いインフルエンサーは、フォロワーの多いインフルエンサーとつながっているもの。だから、打ち合わせをしていても「フォロワー10万のオーストラリア人とフォロワー20万のアメリカ人の友人に商品を送ってリスティング広告をしたい」というアイデアが普通に出てきます。

　私の世代には世界とつながることに心理的な抵抗を感じる人も少なくないと思いますが、Z世代は、SNSをきっかけにナチュラルに世界とつながっていきます。

　このようなモデルが常識になっていくことは、Z世代の人口がシュリンクし続ける日本のアパレル業界にとって明るいニュースといえます。**特にインフルエンサーのような「人」を起点とするP2Cブランドは、その強みを存分に発揮できるはずです。**

　しかし、海外の人は、日本人が思っているほど「メイド・イン・ジャパン」に興味があるわけではありません。「日本製だから売れる」というのは日本人だけが信じる神話にすぎません。日本人が「メイド・イン・フランス」というだけでフランスのブランドを無条件で買うわけではないのと同じです。

　逆を言えば、**日本のブランドでもブランディング次第で海外でも売れる可能性があります。**

　現状では、日本でサステイナブルブランドをスケールさせるのは難しいのかもしれませんが、**最初から世界の市場でサステイナブルを打ち出したブランドを販売していく。欧米に売れる日本発のサステイナブルブランドをつくる**という選択肢もあります。

　SNSは世界中の人とつながっています。インフルエンサーを通じて世界に向けてブランドのストーリーを語れば、世界中から反応が返ってくる可能性があります。

　P2Cのビジネスモデルなら、莫大な投資がなくても、際立つコンセプトをストーリーで語ることによって、小さなブランドでも世界で勝負することが可能になるのです。

爆進し続ける
中国発ファストファッション

ユニクロを超えた「SHEIN」

　サステイナブルトレンドとは反対にあるファストファッションについても見てみましょう。

　飛ぶ鳥をすべて撃ち落とす勢いの北京発のファストファッション「SHIEN（シーイン）」。2022年11月には、原宿に日本初のショールーム店舗を出店したのも記憶に新しいところです。今後は日本でも大学生までの若者を中心に、売上を伸ばし続けていくことでしょう。

　SHIENは、中国発のファストファッションで、直近の資金調達ラウンドで、その価値は1000億ドル（当時：約12兆3000億円）と評価されました。

　時価総額はあっという間にユニクロを抜き、ZARAとH＆Mを足した額よりも大きくなりました。

　そもそも時価総額が10兆円を超えるインデックス（ZARA）やユニクロを、創業からたった10年弱で超えてしまうのが世界的に見ても異例なことですし、**世界では日本で感じているよりもファストファッションの勢いがある**ことがわかります。

　事実、SHEIN は Amazon を抜いてアメリカで最もダウンロードされたショッピングアプリとなり、Z世代を中心に爆発的な人気を博しています。そして、いまやファッション衣類だけでなく、パーティーグッズやコスメ、生活雑貨など取り扱うカテゴリーのラインナップが増えています。

　この成長過程を見ていると、最初、書籍のECからスタートしたAmazonが、ファッションや生活雑貨、食品を取り扱い、世界一のライフラインを支えるプラットフォームに成長したプロセス

と似ていると感じます。

　SHEINはいずれ、ファストファッションという枠からライフラインを支えるプラットフォームになり、近い将来、世界最大規模のプラットフォームAmazonの脅威になるのではないでしょうか。

　しかし、SHEINについては、この成長過程で、工場の労働環境や地球環境への悪影響、生産過程での不透明さ、さらにデザインの盗作問題など、ネガティブなニュースがあとを絶ちません。

　これはSHEINに限った話ではなく、ファストファッション、大量生産・大量消費モデル全般にいえることですが、**今のやり方ではいずれ地球環境の限界に達し、大きくシフトチェンジを迫られるときが来る**と思います。

ファストファッションが地球環境に与える深刻な影響

　ファストファッションが地球環境に与える深刻な影響についてネットメディア『Life Insider』の記事から一部抜粋しましょう。

・衣類の生産量は、2000年のほぼ2倍になった
・2014年に消費者が購入した衣類は、2000年に比べて60％増加したが、着用する期間は半分に
・ヨーロッパでは、ファッションブランドが毎年開催するコレクションの平均回数は、2000年は2回だったが、2011年には5回に増えた
・もっと多くのコレクションを開催するブランドもある。ZARAは年に24回、H&Mは12 〜 16回も開催する
・最終的には多くの衣類が捨てられる。毎秒トラック1台分の衣類が、焼却あるいは埋め立て処分されている
・ファッション産業は、世界で2番目に水を多く消費する産業
・木綿のシャツを1着つくるのに、約2650リットルの水が必要となる。これは、1人の人が1日に8杯の水を飲んだとして、3年

半飲める量に相当する

・ジーンズを1本つくるのに、約7600リットルの水が必要となる。これは、1人の人が1日に8杯の水を10年飲める量に相当する

　これらの現実を突きつけられると、私自身もファッション業界で20年以上活動する身として、大いに責任を感じます。

　特に若い頃は毎シーズン新作の服を求めていました。お客様にも「新作こそ最も価値があり、話題性がある」と啓蒙してきました。それによって喜んでくれたお客様がいたのも事実ですし、結果みんながハッピーになったのかもしれません。

　しかし、いよいよ厳しい事実を知ってしまうと、ファッション業界の人間として何ができるのかを考えざるを得ません。**大量生産・大量消費ではない、価値の創出が地球のためにも必要です。**

　Z世代は「デジタルネイティブ」や「反ブランド主義」といった特徴をもつほかに、「社会問題への意識が高い」「平等性や合理性を求める」といった特徴をもつ世代といわれます。

　世界でのSHEINの爆進ぶりを見ると、若者の収入に余裕ができるまでの間は、これまでの「安い」「高回転」「多品種」で売上を伸ばし続けると思います。しかし、**Z世代の収入が増えてくる3〜5年後くらいからは、だんだんと市場の求める価値が変わっていく**と予想しています。

環境問題へのアンサー
——P2Cブランド「MINIMUS」

ROLANDさんとのコラボブランド

　最後に環境問題に関連して、私たちが実業家のROLANDさんと一緒にディレクションしているアパレルブランド「MINIMUS（ミニマス）」について話をさせてください。

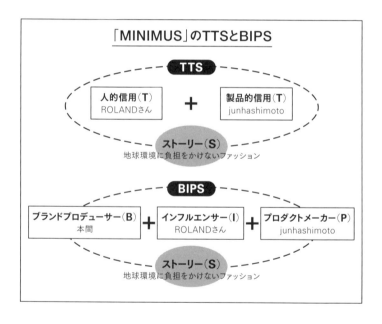

「MINIMUS」のTTSとBIPS

TTS

人的信用（**T**）
ROLANDさん

＋

製品的信用（**T**）
junhashimoto

ストーリー（**S**）
地球環境に負担をかけないファッション

BIPS

ブランドプロデューサー（**B**）
本間

＋

インフルエンサー（**I**）
ROLANDさん

＋

プロダクトメーカー（**P**）
junhashimoto

ストーリー（**S**）
地球環境に負担をかけないファッション

　MINIMUSは「ファストファッションが地球環境に与える深刻な影響」を踏まえたうえで、私たちに何ができるのか、お客様は何に共感してくれるのかについて、何度も話し合いました。
　現代にわざわざアパレルブランドを立ち上げる意味とは何か。

　多くのものを持たないミニマリストとして知られる、ROLANDさんのライフスタイルに、私もデザイナーの橋本淳さんも共感し、「もし1着だけ服を持つとしたら」というコンセプトのもと限定的にアイテムをつくりました。

　飽きずに永く着てもらうために、過美な装飾を避け、なるべくシンプルに。でも、エレガントに見えて、特別な日の1着にもなる──そんなデザインをベースにつくられています。

　1週間のうち5日は、そのお気に入りの1着で過ごせば、他の服は必要なくなり、クローゼットもシンプルになる。服を選ぶ時間が短縮され、思考もクリアになり、新しく時間も生み出される。その時間を、服を選ぶこと以上に大切なことや、大切な人との時間に使って欲しい。そんな思いが込められています。

地球に負担をかけない、特別な1着

　MINIMUSのコンセプトモデルとなっているジャージ素材のスーツは、スポーツウェアのようなストレッチ性とデイリーケアが簡単なセットアップです。

　MINIMUSについて、以前ファッション業界紙『WWD JAPAN』のインタビューを受けたときのROLANDさんのアンサーが秀逸でした。

　「僕（ROLAND）が『無人島に何か1つ着ていくとしたら、何がいいですか』っていう質問をされたときに、どう答えるか考えました。機能性でいったらアウトドアブランドなんでしょうけど、ギアに振ったものってシルエットがダボついたものが多くて。ヘリコプターでいきなり救助されて、めちゃくちゃカメラに抜かれたときに『こいつ、めちゃくちゃ暖を取りに行ってるな〜』と見えそうな、全然かっこよくない服を着るのは嫌なんですよ。かといって、エディ・スリマンがつくったようなタイトな服を着て、木の実を採りに行きたくないじゃないですか。それを着て魚は獲れないし、焚き火もできない。だから、エレガントさの中に、機

能的でギア的な要素をミックスして、というものがあったら、僕は無人島に1着、それを着ていきたいなと思えるんですよね」

　これを打ち合わせもなしに即答していたROLANDさんは、本当に天才だと思いました（笑）。

　内容はふざけているように見えますが、本質を突いているともいえます。**どんなシチュエーションであれ、エレガントに見えて、動きやすいものであれば、永く着ることができます**。

　また、MINIMUSには、着る人の体型に合わせてサイズのお直しやリペアを行う「FITS YOU」というコンセプトもあります。とにかく、せっかく購入した1着を気に入って、永く着続けてもらいたいというわけです。多くの服を持たないことで地球に負担をかけずに、でも、あなたの特別な1着にもなる。そこにMINIMUSの存在意義があります。

　品数を限定したうえに少量生産なので、ずっと売り切れ状態が続いています。お客様には心苦しいのですが、「売上をガンガン伸ばすぞ！」というモデルではないので、そこに共感して応援してくれる人がいてくれたらうれしいです。

おわりに

　P2Cブランドの戦略にとって、「トラスト（T）＋トラスト（T）×ストーリー（S）」が大事であることは伝わりましたでしょうか。

　また、その戦略を実行するうえでのチームづくりは、BIPS（バイプス）によって成功に導かれるということも理解してもらえたらうれしいです。

　現代のメディアはSNSがメインになったことで、これまで何百万、何千万円とかかっていた広告費がほぼ無料になりました。お金をかければ必ずリーチしたお客様に届く、という時代は終焉を迎えたのです。

　従来のマスメディア広告から自由になったSNSは、世界最大の口コミツールです。今こそSNSを活用し、自分の商品やサービスを広げていかない手はありません。

　また、これまでトレンドといえば、パリコレや雑誌メディアがセットアップしてきましたが、今は個人のデザイナーでも、製品に魅力があれば十分に探し当てられる時代になりました。

　その半面、どれだけフォロワーがいたとしても、商品がまったく売れない例も山ほど見てきましたし、私自身もたくさん苦い経験をしてきました。

　だからこそ、小さなテストからスタートすることが大切です。それを繰り返しながらエンゲージメントの強いインフルエンサーと魅力的な商品をマッチさせることに、チャンスが眠っています。

　私が今の会社を設立したのは、20年以上前になります。当時、私はファッションの学校を出たわけでもなく、服づくりもマーケティングも何の知識もないまま、ただただファッションデザイン

をやりたい一心でブランドをつくりました。ブランド立ち上げ後は丸1年もの間、自分の給料さえ稼げず、焼肉屋さんで深夜のアルバイトを続けました。なんとか少しずつ売れるようになり、はじめての給料をとれるまでに1年かかりました。

　その後、卸売でのブランドビジネスは軌道に乗ったものの、当時はインスタグラムもユーチューブもなかったので、テレビや雑誌に広告を出すこともできず、スタートしたての小さなブランドを認知してもらうのは簡単ではありませんでした。編集者やスタイリストに商品をリースしてもらい、編集ページに取り扱ってもらうか、たまたま芸能人が着用すること以外、認知を広げることは難しい時代だったからです。

　もちろん、小さなブランドがECをもつという時代でもありませんでした。仮にECを始めたとしても、ネット上の陸の孤島になるだけで、訪問する人はブランドのファン以外いませんでした。

　そんな時代の販売方法といえば、大手セレクトショップや地域専門店のバイヤーの目に留まり、展示会で買ってもらうことでした。卸先の顔色を伺う一方で、クリエイティブに文句を言われながらブランドが活動していた時代です。

　大きな資金のないファッションブランドには、本当に大変な環境でした。

　あれから十数年が経ち、スマホという端末が登場し、個人と個人がつながる時代になりました。中間に入っていたメディアやバイヤーの多くは一足飛びにされ、ディレクターやブランドがSNSを介して直接お客様とつながるようになったのです。

　ブランドメッセージやブランドのあり方を直接お客様が知り、評価し、共感できるかできないかを判断し、お金のやり取りが発生する時代です。たとえテレビや雑誌に出ていなくても、SNSを通じて熱狂的なファンを獲得するだけでビジネスをスタート、拡大させることが可能になりました。

　スマホが媒体となった今の世界では、インスタグラムや

TikTok、ユーチューブがトレンドメディアとなり、新しいスターブランドも登場しました。これらのSNSはあくまでスマホという端末の特性上、盛り上がったメディアであるため、この先もインスタグラムやTikTok、ユーチューブがメディアの中心として機能し続けるとは限りません。しかし、ブランドとお客様の間には、常になんらかのメディアが存在することだけは変わりません。

日本のZ世代は韓国のエンターテインメントやファッションに夢中になり、中国のタオパオでショッピングをします。アジアも欧米もすべて並列に捉え、世界中の同世代とつながっていきます。十数年前のスマホやSNSが登場する前の時代から大きく変化しました。

今後、さらに新しい世代が出てくれば、世界との距離感はどんどん縮まっていくことでしょう。パリやアメリカの展示会に出展するしかなかった頃のような流通や契約、言葉の壁もだんだんとなくなっていきます。

だからこそ、ディレクターやブランドの個性を尖らせていくこと、それをしっかり発信することが、P2Cブランドにとって大きなチャンスをつかむことにつながるはずです。

若い感性だからこそ新鮮なメッセージが生まれ、それがフックになって深くお客様の心に刺さることもあるでしょう。個性的であることが、これほどビジネスに直結する時代も今までありませんでした。

日本の人口は少なくなる一方ですが、世界に発信するチャンスはどんどんと増えています。これまで以上に個人のクリエイションが価値をもつ時代になっていきます。あなただけのブランドを楽しみながらつくっていきましょう。

本間　英俊

「P2C ブランドの教科書」
読者限定無料プレゼント

特 別 付 録

① 「インフルエンサーを見極める 12 のチェックポイント」（本書 P56）
② 「インフルエンサーをゼロから始めてファン化させる方法」（本書 P153）
③ 「失敗しないメーカーの選び方」（本書 P180）
④ 「ライブ機能を使ってアパレルを売り上げる 5 つのテクニック」（本書 P192）

上記の特別付録の他に、お友達追加していただいた方には、定期的に P2C ブランドを成功に導く情報をお伝えしています。
下記の QR コードから、公式 LINE 「P2C ブランドの教科書」へアクセスしてください。

※特典の配布は予告なく終了することがございます。
※動画は web 上のみの配信になります。
※この特別付録企画は、本間英俊が実施するものです。特別付録企画に関するお問い合わせは「p2c@dssr.co.jp」までお願いします。

本間英俊（ほんま ひでとし）

著者紹介 ■　ブランドクリエイティブ・ディレクター
「ACCクリエイティブアワード」2017クリエイティブイノベーション部門 金賞受賞。
新潟県出身。SNS総フォロワー270万人以上のROLAND氏と共同代表として株式会社MINIMUSを設立。モータージャーナリスト界で日本一のフォロワー数をもつ五味康隆氏とデザイナーの橋本淳と協業し、「88HachiHachi」を設立。

2001年、アパレルデザイン会社ディーエスエスアールを23歳で設立。2009年からフィリピン、香港、中国へ単身で渡り、海外での生産拠点を開拓する。クライアントとして好感度セレクトショップや大型モールセレクトショップをもつ。
自身が手掛けていたシューズブランド「LOSVEGA（ロスベガ）」は、グラミー賞を6度受賞したThe Black Eyed Peasのメンバーも新作発売に足を運ぶ。
2010年、当時大河ドラマ『龍馬伝』の主演を務めていた福山雅治氏のカウントダウンライブの衣装デザインを担当。
2012 ～ 2016年、表参道ヒルズや伊勢丹新宿店にも出店するジャパンラグジュアリーブランド「junhashimoto（ジュンハシモト）」でアートディレクションを務める。同ブランドでは、英国最高級車「ASTON MARTIN」や、モダンラグジュアリーホテル「CONRAD TOKYO」などとのコラボレーション企画運営を手掛け、ブランディングとECマーケティングを主戦場とした。
2016年、レディースブランド「Juemi」のクリエイティブ・ディレクターとして同ブランドに参画。新宿伊勢丹、銀座三越、梅田阪急など国内トップクラスの百貨店でポップアップストアを開催し、販売記録、動員記録をつくる。同年より数多くのインフルエンサーや著名人と協業し、アパレルブランドを展開。独自の理論でブランディングし、年間10ブランド以上仕掛ける。
2021年から、自社にてインフルエンサーを起点としたレディスP2Cブランド「Privève」をスタートし、さらに2022年より複数のインフルエンサーブランドをひとつのプラットフォームで展開する「PUFF Designs」をローンチ。
現在は自社ブランドのほか、ワールドワイドアパレルメーカーから日本を代表するデニムブランド、プロアスリート向けの身体能力をアップさせる健康商材メーカーまで幅広くブランディング活動のサポートを続けている。

「P2Cブランド」の教科書
これからのアパレル業界を生き抜く、たった1つの方法

2023年8月10日　　初版第1刷　　発行

著　者　本間英俊
発行者　櫻井秀勲
発行所　きずな出版
　　　　〒162-0816
　　　　東京都新宿区白銀町1-13
　　　　電話 03-3260-0391
　　　　振替 00160-2-633551
　　　　https://www.kizuna-pub.jp/
印刷・製本　モリモト印刷
制　作　OUTSTANDING出版／ワールドクラスパートナーズ株式会社